KB268416

TREKKING TRACKER

※완주한 코스 번호를 체크하고 날짜를 기록하세요.

14	인제 설악산 봉정암	28	서산 강댕이미륵불-개심사	42	봉화 낙동강 세평하늘길 양원역-승부역
01		15		29		43	

둘레둘레 트레킹 전도
1 서울 둘레길 4-5코스
2 서울 북악산
3 서울 관악산 연주대-사당 능선
4 인천 무의도-소무의도
5 안산 구봉도
6 수원 수원화성
7 광주 남한산성
8 여주 여강길 8코스(파사성길)
9 포천 벼룻길-부소천 둘레길
10 연천 연강나룻길 A코스
11 철원 한탄강 주상절리길
12 철원 한탄강 물윗길
13 춘천 삼악산
14 인제 설악산 봉정암
15 양양 설악산 흘림골-주전골
16 평창 선자령
17 정선 민둥산
18 동해 두타산 베틀바위-마천루
19 삼척 이사부길-추암촛대바위
20 태백 태백산 유일사-천제단
21 대전 장태산자연휴양림
22 단양 느림보강물길 5-4코스
23 제천 구담봉-옥순봉
24 괴산 산막이옛길-각시와 신랑길
25 보은 속리산 세조길-경업대
26 영동 월류봉 둘레길
27 홍성 용봉산
28 서산 강댕이미륵불-개심사
29 태안 해변길 1코스(바라길)
30 태안 솔향기길 1코스
31 군산 선유도-대장도
35 진안 마이산
42 봉화 낙동강 세평하늘길 양원역-승부역
43 봉화 청량산
44 안동 퇴계 예던길 5코스(왕모산성길)
45 청송 주왕산 주왕암
46 포항 내연산 12폭포
47 구미 금오산 약사암

No		No		No		No	
	서울 둘레길 4~5코스		양양 설악산 흘림골~수렴골		태안 해변길 1코스(바라길)		동해 청량산
02	서울 북악산	16	평창 선자령	30	태안 솔향기길 1코스	44	안동 퇴계 예던길 5코스(왕모산성길)
03	서울 관악산 연주대-사당 능선	17	정선 민둥산	31	군산 선유도-대장도	45	청송 주왕산 주왕암
04	인천 무의도-소무의도	18	동해 두타산 베틀바위-마천루	32	고창 선운산 낙조대	46	포항 내연산 12폭포
05	안산 구봉도	19	삼척 이사부길-추암촛대바위	33	순창 용궐산	47	구미 금오산 약사암
06	수원 수원화성	20	태백 태백산 유일사-천제단	34	남원 지리산 바래봉	48	함양 선비문화탐방로 1구간
07	광주 남한산성	21	대전 장태산자연휴양림	35	진안 마이산	49	합천 황매산 철쭉 군락지-순결바위 능선
08	여주 여강길 8코스(파사성길)	22	단양 느림보강물길 5-4코스	36	담양 금성산성	50	하동 신선대-고소성
09	포천 벼룻길-부소천 둘레길	23	제천 구담봉-옥순봉	37	여수 영취산	51	제주 한라산 둘레길 9-8구간
10	연천 연강나룻길 A코스	24	괴산 산막이옛길-각시와 신랑길	38	강진 다산초당-백련사-깃대봉	52	제주 한라산 어리목탐방로-영실탐방로
11	철원 한탄강 주상절리길	25	보은 속리산 세조길-경업대	39	해남 미황사-도솔암-달마고도	53	제주 다랑쉬오름-아끈다랑쉬오름
12	철원 한탄강 물윗길	26	영동 월류봉 둘레길	40	신안 비금도	54	서귀포 제주올레 7코스
13	춘천 삼악산	27	홍성 용봉산	41	대구 비슬산	55	서귀포 송악산

둘레둘레
트레킹

둘레둘레 트레킹

초판 발행 2023년 6월 15일
개정판 1쇄 2026년 3월 6일

지은이 김영수 / **펴낸이** 김태헌
기획/편집 총괄 임규근 / **편집팀장** 고현진 / **책임편집** 김윤화
디자인 책장점 / **지도·일러스트** 민효인
영업/마케팅 총괄 신우섭 / **영업** 문윤식, 김선아 / **마케팅** 손희정, 박수미, 송수현 / **제작** 박성우, 김정우

펴낸곳 한빛라이프 / **주소** 서울시 서대문구 연희로 2길 62 한빛빌딩
전화 02-336-7129 / **팩스** 02-325-6300
등록 2013년 11월 14일 제25100-2017-000059호
ISBN 979-11-94725-35-0 13980

한빛라이프는 한빛미디어(주)의 실용 브랜드로 우리의 일상을 환히 비추는 책을 펴냅니다.

이 책에 대한 의견이나 오탈자 및 잘못된 내용은 출판사 홈페이지나 아래 이메일로 알려주십시오.
파본은 구매처에서 교환하실 수 있습니다. 책값은 뒤표지에 표시되어 있습니다.

한빛미디어 홈페이지 www.hanbit.co.kr / 이메일 ask_life@hanbit.co.kr
블로그 blog.naver.com/real_guide_ / 인스타그램 @real_guide_

지금 하지 않으면 할 수 없는 일이 있습니다.
책으로 펴내고 싶은 아이디어나 원고를 메일(writer@hanbit.co.kr)로 보내주세요.
한빛라이프는 여러분의 소중한 경험과 지식을 기다리고 있습니다.

높이 오르기보다 천천히 나아가는 자연 충전 걷기 여행

둘레둘레 트레킹

김영수 지음

한빛라이프

20대의 어느 날 우연히 태백산 설경 사진을 보았습니다. 사진 속 순백색의 아름다운 풍광을 찾아 추위가 한창인 엄동에 무작정 태백산에 올랐습니다. 눈으로 직접 본 주목에 핀 눈꽃과 끝없이 펼쳐진 능선, 매서운 바람에도 당당한 나무들의 자태는 사진에서 보았던 풍경 그 이상이었습니다. 한겨울의 추위를 잊고 오랫동안 멍하니 그 자리에 서 있던 기억이 있습니다.

그 이후 우리나라의 온 산하를 걸었습니다. 꽃과 단풍이 가장 화려해지는 계절의 변화를 찾아, 자연에 빛이 드리우며 만들어 내는 신비로운 장면을 찾아, 눈과 해무가 나타나는 절묘한 순간을 찾아, 자연의 웅장함과 경이로움을 찾아 새벽길과 밤길을 마다하지 않았습니다. 그러면서 산성에 깃든 선인들의 지혜에, 암자로 가는 길의 소박함에, 고공 잔도의 아찔함에, 출렁다리의 짜릿함에, 둘레길을 만든 사람들의 노고에, 발길 닿지 않은 계곡의 묘한 매력에 수시로 감탄했습니다.

모두가 가는 정해진 길보다는 내가 좋아하는 곳을 찾아가고, 잘 알려지지 않은 장소로 이어지는 길을 발견하며 걸었습니다. 산 정상이 목적이 아닌 내 호기심과 모험심을 자극하는 길과 풍경을 만나는 걷기 여행이었습니다. 걷기라는 가장 단순하면서도 원초적인 행위를 통해 내가 보고 싶고, 머물고 싶은 길로 나아가자 자연스럽게 행복으로 가득한 여행이 완성되었습니다.

그동안 걸으며 설렘과 환희, 즐거움, 감탄의 순간이 있던 길을 여러분께 공유합니다. 이 길에서 저처럼 각자의 소중한 추억을 만들기를 기대합니다. 특히 트레킹에 입문하려는 분들에게 감동을 주는 길을 안내해, 그들의 마음속에 자연으로 향하고자 하는 불씨를 전해주고 싶었습니다. 그때 이 책이 나침반의 역할을 하게 된다면 더없는 영광이겠습니다. 트레킹을 하는 누구나 마음속에 감동적인 장면이 쌓여 일상의 평온함으로 이어지기를 기대합니다.

이 책은 유튜브 '김영수TV-여행과산행'에 올린 영상을 계기로 만들어졌습니다. 채널을 처음 만들었을 때부터 지금까지 아낌없는 성원을 보내주신 구독자님들이 없었다면 이 책은 세상에 나오지 않았을 겁니다. 제 채널의 구독자님들에게 감사의 마음을 전합니다.

그리고 55곳의 트레킹에 동행해 준 나의 벗 이정숙, 장두홍, 김기연, 김서원, 송용득 님. 귀한 인연으로 제게 닿으시어, 진심의 마음으로 모든 순간을 격려해 주셨던 그 따스함을 기억하겠습니다. 더불어 무한 애정으로 원고와 사진을 살펴봐 주신 김윤화 편집자님도 고맙습니다. 끝으로 한결같은 마음으로 응원해 주시는 부모님과 가족들에게도 사랑과 감사의 마음을 전합니다. 이 책이 행복하고 건강한 마음으로 트레킹을 즐기려는 분들에게 작은 보탬이 되기를 바랍니다.

봄기운이 완연한 날,

김영수 드림

차례

PART
①

입문자를 위한 트레킹의 기초

PART
②

서울·인천·경기도 트레킹

PART
3

강원도 트레킹

PART
4

충청도 트레킹

P A R T
5

전라도 트레킹

P A R T
6

경상도 트레킹

PART

7

제주도 트레킹

이 책에 실린 모든 정보는 2026년 1월까지 취재한 내용을 바탕으로 합니다. 정확한 정보를 싣고자 노력했지만, 책에서 소개한 정보는 현지 사정에 따라 수시로 변경될 수 있습니다. 특히 일부 등산로의 경우 산불조심기간에는 한시적으로 통제하는 구간이 있습니다. 트레킹을 떠나기 전 산림청에서 산불조심기간과 등산로 통제 구간 및 기간을 꼭 확인하시기 바랍니다. 또한 본문에서 갈림길 등의 방향을 '왼쪽', '오른쪽'으로 표현한 경우가 있는데, 이는 직접 걸을 때 이해하기 쉽도록 진행 방향을 기준으로 합니다.

❶ 난이도

1단계	2단계	3단계	4단계
오르내리는 길이 30분을 넘지 않고 평탄한 경우	아주 가파른 구간 없이 오르내리는 길이 30분~2시간인 경우	아주 가파른 구간이 30분~1시간이거나 오르내리는 길이 2시간~3시간 30분 정도인 경우	아주 가파른 구간이 1시간 이상이거나 오르내리는 길이 3시간 30분 이상인 경우

❷ QR코드

해당 코스를 미리 영상으로 만나보실 수 있습니다. 휴대폰으로 QR코드를 스캔하면 저자가 촬영한 해당 코스의 유튜브 영상으로 연결됩니다. 사진보다 더욱 생생한 풍경을 볼 수 있어 트레킹 코스를 더욱 쉽게 이해할 수 있습니다. 다만, 대부분의 유튜브 영상은 이 책이 나오기 몇 해 전부터 촬영해온 것입니다. 책에 실린 코스는 최근의 정보와 내용들을 반영하기 위해 2022년 1월부터 2026년 1월까지 재방문을 통해 걷기 가장 적합한 길, 방문하기 가장 좋은 시기를 찾아 내용을 서술했습니다. 이러한 이유로 책과 영상의 코스에 다소 차이가 있을 수 있습니다.

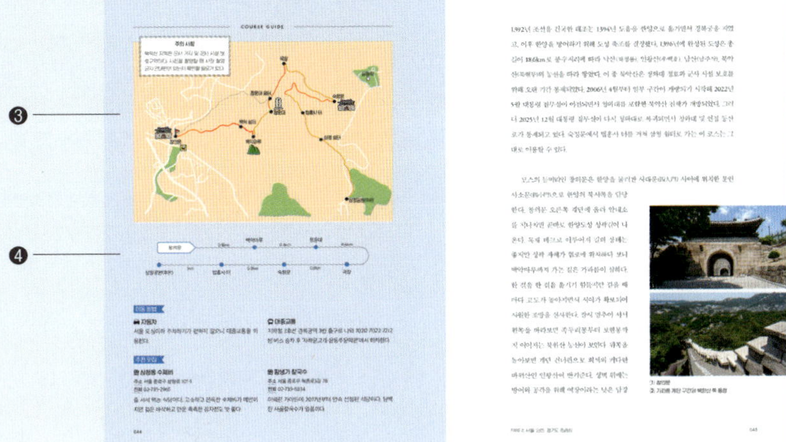

❸ 코스 지도

대략적인 코스 경로를 지도에서 확인할 수 있습니다. 경로 외에도 구간별 길의 경사도를 5가지 단계로 표현하고 있습니다. 짧게 반복적으로 오르내리는 구간까지 세밀하게 표현하기보다는 전체적인 코스의 난이도 등을 확인하기 위해 대략적으로 표현하고 있으니 참고용으로 이해해주시기를 바랍니다. 또한 모든 지도는 북쪽이 위를 향하는 정방향입니다.

❹ 구간 거리

들머리에서 날머리까지 코스에서 마주치는 각 트레킹 지점 간의 거리를 나타내고 있습니다. 이 구간 거리와 코스별 전체 거리는 저자가 직접 걸으면서 사용한 GPS 기록을 기반으로 측정했습니다. 이 거리는 입구에 있는 안내도 또는 코스 중간에 세워진 안내판에 표시된 거리와 다를 수 있습니다. 해발 고도나 실제 걷는 방식에 따라 거리 차이가 생기기 때문입니다. 거리에 대한 소요 시간은 개인마다 편차가 크지만 일반적으로 평지에서 1km를 걷는 데 12~15분 정도가 소요됩니다.

PART
1
입문자를 위한
트레킹의 기초

기본적인 트레킹 준비

산을 오르는 일도 많아 등산과 헷갈릴 수 있지만, 등산이 고지대의 정상 정복에 목적을 둔다면 트레킹은 길을 걸으며 만나는 멋진 풍경에 집중한다. 걷는 행위를 통해 산의 풍광을 즐기고, 역사와 문화 유적지를 찾아보고, 멋들어진 장소 앞에서 인증 사진을 찍고, 기분 전환할 겸 가볍게 둘레길을 산책하고, 계절별로 아름다운 꽃 여행지를 걷는 등 전국에 수없이 분포된 길을 걷는 것이 트레킹의 범주에 든다.

체력에 맞는 코스 찾기

자신의 체력에 맞는 트레킹 코스를 즐기면 상쾌한 기분과 걷는 재미를 동시에 느낄 수 있지만, 체력을 넘어선 무리한 트레킹은 각종 근육통을 유발한다. 이 책에서는 트레킹 코스를 네 단계로 구분한다. 아래의 난이도를 참고하여 자신의 체력에 맞는 트레킹 코스를 선정하자. 처음 트레킹을 시작하거나 체력이 약한 편이라면 난이도 1~2단계 중에서 소요 시간이 짧은 것을 추천한다. 트레킹을 꾸준히 다녔다면 4단계까지 충분히 즐길 수 있다.

| 1단계 : 쉬움 | 2단계 : 보통 | 3단계 : 어려움 | 4단계 : 매우 어려움 |

트레킹 목적과 일정 정하기

트레킹은 정상 등정을 목적으로 하지 않는다. 아름다운 자연을 거닐며 힐링하기 위해서나 산사나 암자의 고즈넉함을 찾아 떠날 수도 있다. 계절의 아름다움을 만나는 것이 목적이 될 수도 있고, SNS에 올라온 사진 한 장에 반해 떠날 수도 있다. 체력에 맞는 코스 중 목적에 맞는 장소를 선택하고 일정을 계획하면 트레킹의 만족도는 더욱 올라갈 것이다. 이 책에서 추천하는 월별, 계절별, 테마별 코스를 참고하자. 트레킹 장소를 결정했다면 다음으로는 아래의 사항들을 체크해 일정을 짜면 된다.

❶ 트레킹 장소가 현재 탐방 가능한지, 예약해야 방문할 수 있는 곳인지 확인한다. 이 책에 소개된 코스 중 양양 설악산의 흘림골(P.122) 구간은 사전 예약이 필요하다.

❷ 배를 이용해 섬으로 트레킹을 가야 하는 경우 'KSA 여객선 예매' 사이트에서 여객선을 예약한다.

섬을 오가는 정기 항로 대부분을 이곳에서 예약할 수 있다. 이 책에 소개된 코스 중 신안의 비금도 (P.276)가 배편 이동이 필요하다.

❸ 버스나 기차 이용 시 예매를 해야 한다. 특히 트레킹 장소까지 대중교통으로 이동하는 경우 첫차와 막차 시간, 배차 간격까지 고려해야 한다.

❹ 1박 이상 머무를 예정이라면 숙박 시설도 사전에 예약하는 것이 좋다. 트레킹과 더불어 해당 지역을 느긋하게 여행할 기회다.

❺ 늦가을이나 겨울에는 해가 빨리 져서 오후 5시 정도면 어두워진다. 일정을 세울 때 오후 5시에는 트레킹을 끝낼 수 있도록 시간을 고려해야 한다.

날씨와 물때 확인하기

날씨에 따라 트레킹 시 필요한 장비나 옷차림이 달라지기 때문에 날씨 확인은 필수다. 강한 눈이나 비가 예보된 경우에는 계획을 미루는 것이 좋다. 평지 트레킹은 날씨가 해당 장소의 일기 예보와 거의 일치하나, 산 트레킹은 고도 변화에 따라 날씨가 달라질 수 있다. 해안가 트레킹은 물때를 확인해야 한다. 썰물 때에만 걸을 수 있는 구간이 간혹 있기 때문이다. 간조 시간을 기준으로 전후 2시간~2시간 30분 안쪽으로 해당 구간을 걸을 수 있다. 예를 들어 트레킹 장소의 간조 시간이 오후 3시 30분이면, 오후 1시~1시 30분부터 오후 5시 30분~6시 사이에 걸어야 한다.

걷기 이외의 재미 찾기

이 책에서 소개하는 트레킹 코스 중 몇 군데에는 스탬프를 찍는 곳이 있다. 가장 대표적인 곳이 '제주올레 7코스'다. 스물일곱 코스의 437km를 완주한 사람에게는 제주올레 측에서 제주올레 완주 증서와 제주올레 홈페이지 명예의 전당에 사진과 완주 소감을 싣는다. 제주올레길 외에도 서울 둘레길, 경기 둘레길, 해파랑길, 남파랑길, 서해랑길, DMZ 평화의 길 등을 완주하면 제주올레처럼 완주 증서를 준다. 위에 소개한 장거리 코스 외에도 울주군에서 시행하고 있는 '영남알프스 1,000고지 8봉우리 완등' 행사처럼 비교적 짧은 코스에서도 인증서 이벤트가 있다. 걷기뿐만 아니라, 인증서 이벤트에도 참여할 수 있으니 사전에 어떤 이벤트가 있는지 확인해보자.

트레킹 전후로 가볼 만한 주변의 여행지나 맛집을 찾아 즐기면 풍성한 여행이 완성되니 트레킹을 떠나기 전에 미리 찾아보자. 이 책에서도 코스별 주변 여행지와 맛집을 소개하고 있어 일정을 세울 때 참고하면 좋다.

베스트 트레킹 코스 12

서울 관악산 연주대-사당 능선

P.048

포천 벼룻길-부소천 둘레길

P.084

철원 한탄강 주상절리길

P.098

양양 설악산 흘림골-주전골

P.122

동해 두타산 베틀바위-마천루

P.140

태안 솔향기길 1코스

P.214

순창 용궐산

P.234

여수 영취산

P.258

봉화 청량산

P.296

합천 황매산 철쭉 군락지-순결바위 능선

P.332

한라산 둘레길 9-8구간

P.346

서귀포 송악산

P.370

테마별 추천 트레킹 코스

12월	1월	2월	3월	4월	5월

바다, 강, 호수, 산사, 암자, 성곽

눈꽃

진달래 / 철쭉

동백

겹벚꽃 / 장미

수달래

사계절

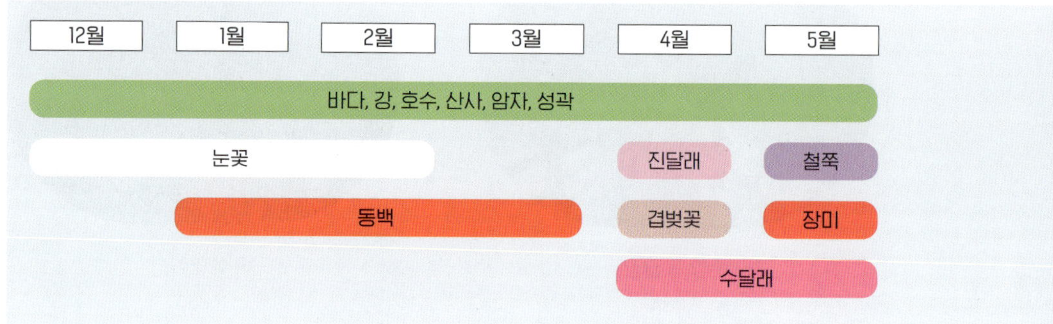

바다

강, 호수

사계절이 뚜렷한 우리나라는 딱 그 시기에만 볼 수 있는 풍경이 많아 때에 맞춰 트레킹 장소를 방문하면 더 멋진 광경을 볼 수 있다. 아래 캘린더는 해당 테마를 제대로 즐길 수 있는 시기를 기준으로 한다. 특별히 계절을 타지 않는 테마는 사계절로 표시했다. 또한 한 장소에서 여러 테마를 즐길 수 있는 경우에는 중복 추천했다.

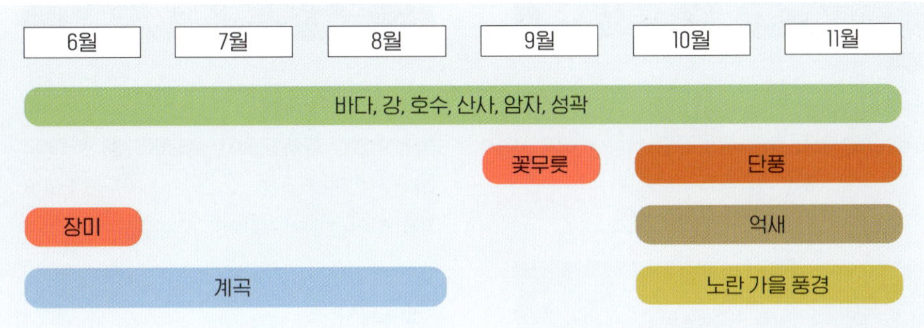

트레킹 기본 준비물

알맞은 신발을 선택하는 것은 트레킹에서 매우 중요한 일이다. 의류나 기타 장비는 나에게 꼭 맞지 않아도 어느 정도 불편을 감수할 수 있으나, 신발은 내 발과 맞지 않으면 걷는 내내 불편하고, 피로도 차이도 크다. 신발을 고를 때는 신발골(발 모양 모형), 미드솔과 밑창 접지력을 중점적으로 살펴보는 것이 좋다. 등산화는 약간의 여유가 있는 사이즈를 선택하는 것이 좋다. 하산 시 발이 붓거나 두꺼운 양말을 신는 것을 고려해야 한다.

신발골(발 모양 모형)

신발을 생산하는 회사별로 신발골이 다 다르다. 예를 들어 250mm의 신발이라고 해도 회사별로 신발 길이, 발볼 넓이, 발등의 두께가 차이가 있다. 그러므로 신발은 꼭 신어보고 자신의 발 길이, 발볼 넓이, 발등 두께와 맞는 것을 선택하자.

미드솔과 밑창 접지력

미드솔은 밑창과 신발창 사이의 부분을 말한다. 미드솔이 단단하면 장시간 걸을 때 피로도는 덜하지만 발이 편하지 않고, 반대로 푹신하면 착화감은 좋으나 장시간 걸을 때 피로도가 심하다. 수치화된 미드솔 강도는 없으므로 직접 신어보고 선택해야 한다.

또한, 우리나라 산과 강, 바다 트레킹 코스에는 바위가 많다. 접지력이 좋지 못하면 바위에서 미끄러져 크게 다칠 수 있다. 우리나라 산은 화강암이 많아서 화강암 지형에 강한 밑창을 고르는 것이 좋다. 개인적으로 밑창은 '비브람'과 '릿지엣지'를 추천한다. 비브람은 등산화 밑창으로 많이 사용되는 딱딱한 특수 재질의 고무로 불규칙한 지형을 오르기 적합하며 내구성도 좋다. 릿지엣지는 접지력이 뛰어나다. 바윗길에서도 잘 미끄러지지 않아 암릉 구간에서 신기 좋다.

신발 형태

신발 형태는 크게 운동화 형태의 트레킹화, 경등산화, 미드컷 등산화, 하이컷 등산화 네 가지로 분류했다. 신발 생산 업체별로 신발 형태를 지칭하는 용어는 다른 편이다. 아래 사진을 통해 각 형태의 특징을 살펴보고 자신에게 필요한 형태를 찾는 것이 좋다.

운동화 형태의 트레킹화

무장애 데크나 고도차가 거의 없는 잘 정비된 숲길을 걸을 때 착용하기 좋다. 보통 1~4시간이 소요되는 단거리 트레킹에 적합하다. 운동화 형태여서 일상생활에서도 가볍고 편하게 사계절 내내 신을 수 있다.

경등산화

주로 발목 아래로 내려오는 형태가 많은 편이다. 다른 등산화에 비해 가벼운 편이며 경사가 크게 없는 산이나 둘레길과 같은 가벼운 산행에 적합하다. 겨울철 눈이 내린 곳이나 길이 험한 장소가 아니라면 웬만한 근교 또는 단거리 트레킹에서 신기 좋다.

미드컷 등산화

발목 부분이 복숭아뼈까지 올라온 형태의 등산화로 발목을 보호해준다. 경사가 심하지 않은 산이나 트레킹 장소, 겨울철 눈꽃 산행에도 적합하다. 발목이 약한 경우 발목을 감싸는 형태의 등산화를 신는 것이 좋다.

하이컷 등산화

발목을 완전히 감싸는 형태의 등산화. 경사가 심하고 험한 산이나 트레킹 장소, 겨울철 눈꽃 산행, 악천후 시에 신기 좋다. 비탈길에서도 안전하게 발목을 보호해주며 장거리 산행 시에도 발이 덜 피로하다. 다만 상대적으로 다른 등산화에 비해 무겁다.

신발 소재 및 관리

신발 소재의 경우 주로 운동화 형태의 트레킹화 외피는 고어텍스가, 등산화 외피는 가죽, 내피는 고어텍스가 사용된다. 고어텍스 제품은 방수성과 투습성이 우수하고 될 수 있으면 세탁하지 않는 것이 좋지만 오염이 심한 경우에는 중성 세제를 사용하는 것이 좋다. 가죽 신발은 가죽 전용 클리너를 사용해 얼룩진 부위를 닦아낸다.

신발에서 냄새가 날 때는 냉장고용 냄새 제거제를 넣어두면 악취를 제거할 수 있다. 신발의 방수 기능은 사용할수록 소모된다. 3개월에 한 번씩 신발 전용 발수제를 뿌리고 그늘에서 건조해 정기적으로 관리해주는 것이 좋다.

이 책에는 높은 산악 지대나 종주 등 고난도의 트레킹 코스를 수록하지 않았다. 때문에 눈이 내리는 등 특별히 주의해야 하는 날씨가 아닌 이상 큰 준비가 필요 없다. 다만, 계절이나 시기별로 신경 쓰면 좋은 의류 특징을 간단하게 소개한다. 자외선 차단은 사계절 내내 중요하므로 모자, 장갑, 선글라스 등의 액세서리는 항상 준비하는 것이 좋다.

봄·가을

트레킹하기에 딱 좋은 계절이다. 날씨도 선선해서 편한 일상복만 입고도 트레킹할 수 있다. 해발이 높은 산을 오르거나, 아침 일찍 트레킹을 시작하거나, 비 소식이 있는 경우, 기온이 떨어지는 것을 대비해 방수, 방풍 기능의 외투를 꼭 챙기자.

여름

땀을 많이 흘리는 계절이다. 땀을 신속하게 옷 바깥으로 배출하고, 피부를 시원하게 건조시켜 쾌적한 느낌을 주는 쿨맥스 소재의 의류를 추천한다. 갑작스러운 날씨 변화나 해발이 높은 산을 오를 때는 가벼운 방수, 방풍 기능의 외투를 챙기는 것이 좋다. 여름은 날씨도 덥고 자외선 지수도 높다. 쿨토시와 쿨스카프는 자외선 차단뿐만 아니라 땀을 빠르게 흡수하고 건조시키므로 여름철에 유용하다.

가을과 겨울 사이

가을에서 겨울로 넘어가는 11월 중순에서 12월 초의 시기에는 저체온증에 걸릴 위험성이 크다. 한겨울에는 충분하게 추위에 대비하지만, 이맘때는 철저한 준비를 하지 못하기 때문이다. 낮과 밤의 기온 차가 크고 해발 고도가 높은 곳에서는 갑자기 기온이 떨어질 수 있다. 방수, 방풍 기능의 외투는 물론, 보온 기능의 상의와 가벼운 패딩 재킷을 꼭 챙기자.

겨울

겨울철 추운 날씨에는 레이어링 시스템으로 옷을 서너 겹으로 입는 것을 권장한다. 베이스 레이어는 맨살 위에 입는 내의로 땀을 잘 배출하고 보온성이 있어야 한다. 보온성은 울 제품이 좋고, 폴리에스테르 소재는 보드랍고 얇아 활동성이 좋다. 미드 레이어는 내의와 외투 중간에 입는 옷으로 어느 정도 보온성을 갖춘 상의나, 가벼운 재킷을 입는다. 미드 레이어 재킷 소재로는 플리스를 추천한다. 아우터 레이어는 가장 바깥에 입는 외투다. 보온력이 우수한 다운 재킷과 방수, 방풍 기능의 외투 중 그날의 날씨와 기온에 따라 선택하면 된다. 보온을 위해 바라클라바, 모자, 장갑 등의 액세서리를 착용하는 것도 좋다.

트레킹 시 스틱을 사용하면 가파른 경사나 땅이 고르지 못한 곳에서 몸의 균형을 잡아줘 사고를 예방하고, 하산 시에는 무릎에 전해지는 하중을 30~40% 줄여줘 무릎 관절을 보호할 수 있다. 평지에서는 보행의 안정감과 빠른 이동에 도움이 된다. 뿐만 아니라 다리와 팔로 하중을 분산시켜 체력 소모와 피로를 줄여준다. 상체와 하체를 함께 사용해 전신 운동의 효과도 크다. 스틱은 두 개를 양손에 들고 고르게 사용해야 한다. 한 개만 사용하면 몸의 균형을 잡아주지 못한다. 처음에는 거추장스러울 수 있으나, 서너 번 사용하다 보면 금방 익숙해진다.

스틱의 구조

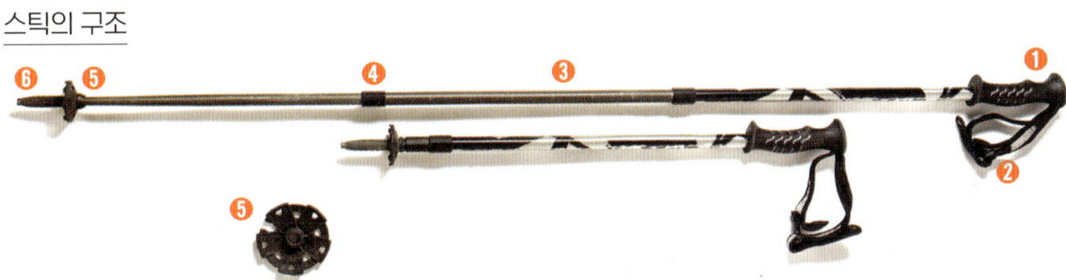

❶ 그립 : 손잡이

❷ 스트랩 : 그립에 달린 끈. 손이 스틱으로부터 이탈되지 않고, 힘을 주기 위한 장치다.

❸ 폴 : 스틱의 몸체

❹ 잠금 장치 : 스틱을 고정시키는 장치로 길이를 조절한다. 버튼식, 회전식, 혼합형, 레버식 등이 있다.

❺ 바스켓 : 스틱에 끼워서 사용하는 탈부착 장치로 있는 것이 좋다. 스틱이 겨울철 눈이나 바위틈, 땅속에 깊이 빠지지 않도록 방지해준다.

❻ 스파이크 : 땅과 맞닿는 뾰족한 부분

스틱의 종류

스틱의 단수는 2단부터 4단까지 있으며, 스틱 모양은 크게 일자형과 그립 부분이 T자처럼 생긴 T자형이 있다. 이 중에서는 휴대성이 좋은 3단 또는 4단과 일자형을 추천한다. 잠금 장치는 원터치 레버 조작이 가능한 플릭락 시스템이 편리하다.

스틱의 재질

스틱 재질은 여러 종류가 있지만 그중에서 대표적인 재질은 카본, 두랄루민(알루미늄 합금), 티타늄 소재다. 이 중 티타늄은 강도가 가장 강하면서 무게까지 가볍지만 그만큼 가격대가 셋 중 가장 높다. 각 소재의 특성은 아래와 같다.

❶ 강도	❷ 무게	❸ 가격
티타늄 > 두랄루민 > 카본	두랄루민 > 카본 > 티타늄	티타늄 > 카본 > 두랄루민

스틱 잡는 법

스트랩을 평행하게 둔 상태에서 손을 아래에서 위쪽으로 넣고 건다.

손으로 그립을 편하게 잡고 조임 끈을 당겨 스트랩 길이를 조절한다.

손으로 그립을 달걀 쥐듯이 가볍게 말아 쥔다.

스틱 사용법

평지

※스틱 두 개를 동시에 짚지 않는다.

스틱 길이는 평지에 똑바로 섰을 때 팔꿈치의 각도가 90도가 되도록 조절한다.

팔은 걸음에 맞춰 내딛는 발의 방향과 반대로 자연스럽게 흔든다.

스틱의 스파이크는 발보다 뒤쪽을 찍으며 앞으로 나아간다.

오르막

스틱 길이는 평지에 비해 3~5cm 정도 짧게 줄인다.

스틱 두 개를 동시에 오르막 위쪽에 짚는다. 스틱을 좌우로 너무 넓게 벌리지 않는다.

스틱을 짚음과 동시에 상체를 스틱 쪽으로 기울여 기댄다.

팔을 아래쪽으로 내리누르면서 발을 위로 올린다.

스틱을 고정한 채 팔이 완전히 펴질 때까지 올라간다.

내리막

스틱 길이는 평지에 비해 5~10cm 정도 길게 늘인다.

스틱 두 개를 동시에 내리막 아래쪽에 짚는다.

스틱에 체중을 가볍게 싣는다. 스틱에 너무 의지하면 휘거나 부러져 사고 위험이 있다.

스틱을 누르면서 아래쪽으로 내려간다.

팔꿈치가 90도 가까이 접힐 때까지 스틱을 고정한 채 내려간다.

겨울철에는 눈과 추위, 일찍 지는 해로 인해 다른 계절에 비해 준비해야 할 것들이 많다. 겨울에만 볼 수 있는 특별한 풍경을 만나는 만큼 안전하게 걷기 위해 사전에 철저한 준비가 필요하다.

❶ 스패츠

스패츠는 겨울철 눈 쌓인 곳을 트레킹할 때 신발과 바지 아랫단 사이로 눈이 들어가는 것을 막아주는 역할을 한다. 이뿐만 아니라 비가 내려 땅이 질척거리거나, 이른 아침 이슬이 맺힌 숲을 걸을 때 바지를 오염 물질로부터 보호할 수 있다.

❷ 아이젠

눈길이나 얼음길에서 발이 미끄러지는 것을 막아주는 장비다. 눈꽃 트레킹의 필수 장비로 겨울철 고산 지대를 트레킹할 때 꼭 챙겨야 한다. 아이젠은 쇠 발톱 모양의 경우 발톱 개수에 따라 4발톱, 6발톱, 10발톱, 12발톱이 있으나, 요즘에는 쇠사슬(체인) 모양이 대세를 이룬다. 쇠사슬 모양은 신발에 덧씌우는 방식이므로 신발보다 작으면 사용하기 힘들다. 신발 사이즈와 쇠사슬 아이젠 크기를 꼭 확인하자.

❸ 랜턴(헤드 랜턴 포함)

가을과 겨울에는 해가 일찍 진다. 눈과 얼음으로 탐방로 상태가 좋지 않으면 계획했던 시간 내에 트레킹을 마치지 못하고 해가 진 상태로 어두운 길을 걷게 될 수도 있다. 이 경우를 대비해 랜턴이나 헤드 랜턴을 준비하면 좋다. 30분에서 1시간 정도의 거리는 휴대폰 플래시로도 대체할 수 있다. 다만, 디지털 기기는 기온이 낮은 환경에 오랜 시간 노출되면 배터리가 금방 소진되므로 휴대폰 배터리의 충전 상태를 꼭 체크해야 한다.

❹ 보온병

겨울철 뜨거운 물 한잔은 얼었던 몸을 따듯하게 녹여준다. 그뿐만 아니라 겨울철에는 점심 대용으로 컵라면을 많이 먹는데, 이때 필요한 것이 보온병이다. 보온병은 일반용보다 산악용이 보온이 오랫동안 지속되고 부피도 작고 무게도 가벼워 좋다. 겨울철에는 물을 담기 전에 보온병 내부를 뜨거운 물로 한 번 데워주고, 보온병 케이스까지 사용하면 보온 지속 효과가 더 좋다.

컵라면 크기를 소, 중, 대로 나누었을 때 평균적으로 소는 260ml, 중은 360ml의 물이 필요하다. 커피믹스 스틱 1개에 필요한 물의 양은 90~100ml다. 혼자서 컵라면 한 개와 커피믹스 한 잔을 마실 때는 보온병 용량을 500ml로 준비하는 것이 좋다.

❺ 핫팩

겨울철 트레킹뿐만 아니라 일상생활에서도 필수 아이템이다. 핫팩은 열의 지속 시간과 온도별로 다양한 크기가 있다. 트레킹 소요 시간에 맞춰 적절한 크기와 개수로 준비한다.

❻ 모자와 장갑

겨울 산행 시 모자는 찬바람과 낮은 기온으로부터 머리를 보호할 수 있는 필수품이다. 산에서는 해발 고도가 100m 높아질 때마다 섭씨 0.6도씩 기온이 낮아지며 바람이 세게 불면 체감 온도는 급격하게 떨어진다. 사람은 머리를 통해 50% 이상의 열이 발산되어 모자를 쓰는 것만으로도 열의 손실을 막을 수 있다. 모자와 함께 날씨에 따라 바라클라바, 넥워머, 버프 등을 사용하면 체온 관리에 도움이 된다.

또한 겨울철 추위에 가장 취약한 부위는 손끝이어서 장갑을 끼는 것이 좋다. 눈꽃 산행 시에는 장갑이 눈에 젖을 확률이 높으므로 여분의 장갑을 챙기는 것이 좋다. 날씨가 심하게 추운 날에는 미트 장갑을 추천한다.

트레킹 중간에 음식점이 있는 일은 거의 없기 때문에 트레킹 시간이 긴 경우 간식뿐만 아니라 식사까지 미리 준비해야 한다. 무겁고 귀찮다고 챙기지 않으면 체력 소모를 감당하기 힘드니 시간에 따라 필요한 먹거리를 잘 챙기자. 또한 3시간 이상의 트레킹 시에는 지치기 전에 먹어두는 것이 중요하다.

식사

트레킹 중에는 취사를 할 수 없으므로 식사는 도시락이나 김밥, 컵라면, 동결건조식품 등 간단하게 먹을 수 있는 음식을 준비해야 한다. 산에서 먹는 컵라면이 제일 맛있다는 말이 있을 정도로 컵라면은 인기 품목이다. 라면 국물은 나트륨 성분이 상당수 포함되어 있어 산성비와 결합해 토양을 오염시킨다. 다 먹을 수 있을 만큼 물 양을 조절하고, 남은 국물은 빈 용기에 담아서 가지고 와야 한다. 동결건조식품은 찬물만 있어도 조리가 가능해 무게와 부피를 줄일 수 있다. 최근에는 다양한 종류의 동결건조식품이 있으므로 각자의 기호에 맞는 음식을 준비한다.

간식

간식은 기본적으로 단백질·지방·탄수화물이 고루 갖추어진 식품이 좋다. 보통 초콜릿, 양갱, 육포, 건포도, 과자, 소시지 등이 선호된다. 하지만, 개인의 입맛에 맞지 않으면 역효과가 날 수 있으니 평상시에 자주 먹던 식품으로 준비하는 것이 좋다.

물과 이온 음료

일상적인 활동에서 하루에 필요한 물의 양은 평균적으로 0.75~1리터 정도다. 그러나 계속 걸어야 하는 트레킹에서는 체력 소모가 더 크므로 2~4리터 정도의 수분이 필요하다. 수분을 제때 섭취하지 않으면 탈진과 더위로 곤란할 수 있고, 3시간 이상의 트레킹 시에는 물을 구하기 어려울 수 있으므로 적절한 양의 물을 챙기는 것이 중요하다. 다만 너무 많은 양의 물은 무거우니 최소한 500밀리리터 정도를 준비해 중간중간 물을 채울 수 있는 곳을 활용하면 좋다.
물과 더불어 많이 마시는 것이 이온 음료로 운동 중 적절한 수분 공급 및 에너지원의 부분적인 재보충을 목적으로 한다. 이온 음료에는 전해질과 탄수화물, 필요량의 염분이 함유되어 여름철 땀을 많이 흘린 경우에 마시기 좋지만 그 외의 상황에서는 물이 더 낫다.

배낭은 장비 운반 외에도 신체 보호와 방풍, 보온의 효과도 있다. 그래서 아주 작은 배낭이라도 메고 다니는 편이 좋다. 배낭은 기능이 다양하고 구조가 복잡할수록 무거워지고 사용하기 번잡스러우니 되도록 단순한 형태를 선택하자. 배낭의 적절한 용량은 트레킹 시간과 계절에 따라 다르다. 봄과 여름의 1~3시간 트레킹에는 10~20리터의 용량을, 같은 계절의 3~5시간 트레킹에는 간단한 점심과 바람막이 옷이 추가되므로 20~25리터의 용량을 추천한다. 가을과 겨울에는 체온 유지를 위해 여벌의 옷을 준비해야 해 25~35리터

의 배낭을 사용하는 것이 좋다. 배낭에 달린 허리벨트는 무게를 어깨와 허리로 분산시켜준다. 용량이 큰 배낭을 구매하는 경우 허리벨트가 있는 것을 선택하자.

배낭에 물건을 넣을 때는 가벼운 것을 아래에, 무거운 것을 위에 둬야 무게가 허리에 쏠리지 않고 등 전체로 분산된다. 자주 사용하는 물건(간식, 휴지, 물 등)은 가장 위나 꺼내기 편한 바깥 주머니에 넣는다.

계절별 배낭 소지품 체크 리스트

사계절

- ☐ 선크림
- ☐ 선글라스
- ☐ 스틱
- ☐ 방수·방풍 외투
- ☐ 구급약품
- ☐ 접이식 등산 방석
- ☐ 모자
- ☐ 쓰레기를 담을 비닐봉지
- ☐ 간식
- ☐ 물통
- ☐ 서바이벌 블랭킷 : 야외 활동에서 체온이 떨어지는 것을 방지하는 비상용 응급 담요. 갑작스러운 날씨 변화와 몸의 상태 이상으로 응급 구조를 받아야 할 때 체온 유지에 도움을 준다. 가격도 저렴하니 배낭에 꼭 챙겨두자.

봄, 가을

- ☐ 보온을 위한 여벌 옷
- ☐ 장갑
- ☐ 랜턴

여름

- ☐ 보냉병
- ☐ 해충 퇴치제

겨울

- ☐ 보온을 위한 여벌 옷
- ☐ 보온병
- ☐ 스패츠
- ☐ 겨울용 모자와 장갑
- ☐ 아이젠
- ☐ 넥워머
- ☐ 랜턴
- ☐ 핫팩

트레킹 시 주의 사항과 팁

초반에 모든 에너지를 소진하지 말자

트레킹 시 초반에 쉬지 않고 걸으면 체력을 크게 소진해 후반부나 하산 시 굉장히 걷기 힘들다. 기본적인 사항인 만큼 간과하는 경우가 많아 걷는 내내 주의해야 한다. 초반부에는 체력의 40%를 사용하고, 내려올 때 체력의 30%를 사용하도록 체력을 안배해야 한다. 나머지 30%는 응급상황에 쓸 수 있도록 비축해 두는 것이 좋다.

지도나 지도 앱을 적극적으로 활용하자

트레킹 코스에 안내도가 없는 경우를 대비해 들머리에서 간략한 지도나 안내도를 휴대폰으로 찍어 둬 헷갈리는 갈림길에서 확인하면 좋다. 최근에는 휴대폰 앱을 통해 현재 위치의 지도를 볼 수 있다. 또한 가고 싶은 코스의 트랙을 다운받아 그대로 따라갈 수도 있다.

트레킹 시작 전후로 꼭 준비 운동을 하자

평상시에 잘 걷지 않다가 갑자기 트레킹을 하거나 환절기의 급작스러운 온도 변화로 다리에 쥐가 날 수 있다. 이와 같은 근육 경련 등을 피하기 위해 트레킹 시작 전후로 스트레칭과 같은 준비 운동을 하는 것이 중요하다. 트레킹 중 쥐가 난 경우에는 일단 쥐가 난 다리의 신발 끈을 풀고 앉는다. 다리를 곧게 뻗은 뒤 상체를 굽혀 다섯 발가락을 손으로 쥐고 최대한 몸쪽으로 당기면 쥐가 멎는다. 혼자 하기 힘들면 주변 사람들에게 도움을 요청하자. 쥐가 풀리면 수분을 섭취하고 쥐가 난 부분을 마사지해주는 것이 좋다.

여름철에는 모기와 해충 퇴치제를 챙기자

여름철에는 모기와 해충에게 물려 곤욕을 치를 수 있다. 트레킹 장소에 '해충기피제 자동분사기'가 있는 경우 얼굴과 목을 제외한 몸에 분사한다. 해충기피제 자동분사기가 없는 경우를 대비해 개인용 해충 퇴치제를 준비해 주기적으로 몸에 뿌려준다.

뱀 주의 안내판이 있는 곳은 발밑을 더 살피자

뱀 주의 안내판을 보게 되면 안전을 위해 발밑을 잘 살피며 조심해서 걷자. 만약 뱀을 발견해도 사람이 건드리지 않는 한 먼저 달려드는 법이 없으니 피해 가야 한다. 최대한 신체를 보호하기 위해서는 목 있는 등산화나 발목을 덮는 긴 바지를 입는 것이 좋다.

유용한 사이트와 앱

예약

국립공원관리공단 예약통합시스템

홈페이지 : reservation.knps.or.kr

우리나라 전국 국립공원의 예약 탐방로, 탐방 프로그램, 야영장, 대피소, 생태탐방원, 민박촌 등을 예약할 수 있다.

숲나들e

홈페이지 : www.foresttrip.go.kr
앱 : iOS, 안드로이드

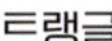

우리나라 자연휴양림 숙소와 숲길 예약을 비롯해 우리나라 100대 명산에 대한 정보도 얻을 수 있다.

한라산탐방 예약시스템

홈페이지 : visithalla.jeju.go.kr

제주도 한라산 국립공원의 성판악탐방로와 관음사탐방로에 대한 안내와 예약이 가능하다.

KSA 여객선 예매

홈페이지 : island.theksa.co.kr
앱 : iOS, 안드로이드

우리나라의 섬을 오가는 정기 항로의 대부분을 이곳에서 예매할 수 있다.

정보

산림청

홈페이지 : www.forest.go.kr

우리나라 전국의 자연휴양림, 국립수목원, 홍릉숲, 점봉산 곰배령, 제주한남시험림, 울진 금강소나무숲길에 대한 정보를 볼 수 있다. 전국의 입산 통제 구역이나 등산로 폐쇄 구간도 모아서 안내한다.

서울 둘레길

홈페이지 : gil.seoul.go.kr

서울 둘레길과 근교 산자락길, 한양도성길, 한강/지천길, 생태문화길에 대한 정보를 제공한다.

두루누비

홈페이지 : www.durunubi.kr
앱 : iOS, 안드로이드

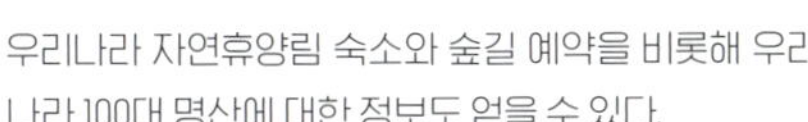

우리나라 외곽을 하나로 연결하는 코리아 둘레길의 해파랑길, 남파랑길, 서해랑길 등에 대한 정보를 제공한다.

트랭글

홈페이지 : www.tranggle.com
앱 : iOS, 안드로이드

트레킹, 등산, 자전거 등에 대한 활동 기록을 제공하고, 원하는 트랙을 골라 따라 걷기도 가능하다.

한국등산·트레킹지원센터

홈페이지 : komount.or.kr

DMZ 펀치볼 둘레길, 서울 둘레길, 내포문화숲길, 지리산 둘레길, 대관령숲길, 백두대간트레일, 울진 금강소나무숲길, 속리산 둘레길, 한라산 둘레길에 대한 정보를 제공한다.

경기 둘레길

홈페이지 : www.ggtour.or.kr/dulegil

경기 둘레길에 대한 정보를 제공한다. 경기 둘레길 내의 국유림 방문 신고도 이곳에서 한다.

제주올레(올레패스)

홈페이지 : www.jejuolle.org
앱 : iOS, 안드로이드

제주올레길에 대한 정보를 제공한다. 앱 사용 시 정확한 코스를 따라 현재 내 위치도 확인할 수 있다.

바다타임

홈페이지 : www.badatime.com
앱 : iOS, 안드로이드

바다 물때와 바다 날씨를 확인할 수 있다. 직관적으로 되어 있어 원하는 지역의 정보를 찾아보기도 쉽다.

PART
2
서울·인천·경기도
트레킹

바위 능선 따라 한강의 푸르름을 만끽하다

서울 둘레길 4-5코스

이동 거리	9.8km
소요 시간	4시간
추천 시기	가을 > 봄

서울 외곽의 산과 하천, 마을을 걷는 서울 둘레길은 총연장 156.5.km로 2026년 현재 스물한 개의 코스가 있다. 이 코스는 서울 둘레길 4코스와 5코스를 연계하는데, 그중 도심을 걷는 화랑대역-양원역 구간을 제외해 번잡함 없이 여유롭게 걸으며 북한산과 도봉산의 바위 능선과 서울 도심을 유유히 흐르는 한강의 아름다운 경치를 감상할 수 있다. 들머리와 날머리 모두 지하철역과 가까워 접근성도 좋다.

🗺 **주변 관광지**

• 서울어린이대공원 +3.5km

• 서울숲 +7.6km

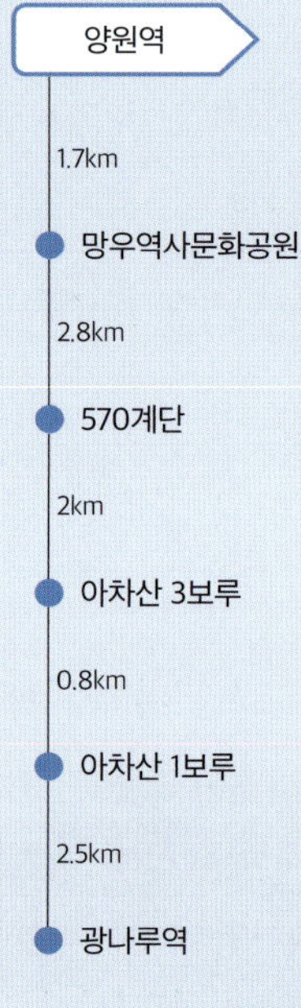

이동 방법

🚗 자동차

목적지: 망우 제1노외주차장
(서울 중랑구 망우동 244-9)

🚌 대중교통

지하철 경의중앙선 양원역 2번 출구로 나온다.

추천 맛집

♨ 아차산 닭한마리

주소 서울 광진구 광장로1나길 13
전화 0507-1428-1772

2대째 30년을 이어오는 맛집이다. 진한 육수 맛이 좋은 곳으로 닭을 특별한 소스에 찍어 먹는다.

♨ 어울림

주소 서울 광진구 광장로1나길 10
전화 0507-1306-1470

여수에서 직송하는 신선한 해산물로 조리한다. 매생이와 굴의 조합이 좋은 매생이굴칼국수와 고등어구이를 추천한다.

양원역 2번 출구로 나와 중랑캠핑숲을 지나면 망우역사문화공원(망우리공원)이다. 1933년 일제 강점기부터 공동묘지로 사용되었다가 현재는 시민과 역사가 함께 호흡하는 공간으로 이용된다. 망우역사문화공원 내 산책길(망우리공원 사잇길)은 울창한 숲이 우거져 사계절 내내 시민들의 발길이 끊임없이 이어진다. 사잇길을 걷다 보면 곳곳에서 우리에게 익숙한 애국지사와 문화 예술인의 무덤을 만난다. 도산 안창호, 만해 한용운, 유관순 열사, 소파 방정환, 대향 이중섭, 목마 박인환 등이 이곳에 영면해 있다.

사잇길을 20분 정도 걸으면 중랑천과 서울 도심을 한눈에 조망할 수 있는 전망대가 나온다. 망우역사문화공원 내의 중랑 전망대다. 아파트 숲 뒤로 보이는 북한산에서 도봉산까지 이어지는 바위 능선이 감탄을 자아낸다.

사잇길이 끝나고 산모퉁이를 돌아서면 일명 용마산 깔딱고개로 불리는 570계단이 나온다. 계단 시작점에 깔딱고개 쉼터가 있는데, 이곳을 기점으로 서울 둘레길 4코스가 끝나고, 5코스가 시작된다. 570계단 중간에 두 곳의 전망대가 연이어 있다. 첫 번째 전망대에서는 중랑 전망대와 비슷한 풍경을, 두 번째 전망대에서는 멋진 한강 뷰를 볼 수 있다. 가까이로 한강, 한강 뒤로 아파트 숲, 더 뒤로 도심을 둘러싼 산줄기가 한눈에 들어온다.

570계단을 다 오르면 용마산 5보루다. 보루란 둘레 100~300m 정도의 작은 성곽을 말한다. 열 명에서 백여 명 정도가 주둔할 수 있는 군사 시설로 삼국 시대에는 치열한 격전지가 되곤 하였으나,

용마산 5보루에서 바라본 서쪽 풍경

1 헬기장 2 헬기장에서 바라본 아차산 4보루 3 아차산 4보루 치에서 바라본 한강

지금은 전망대의 역할을 한다. 서쪽으로 중랑천 일대 도심 풍경과 북한산 보현봉, 그리고 중랑 전망대에서 보이지 않던 N서울타워가 눈에 띈다.

용마산 5보루를 지나 헬기장에서 길이 갈린다. 서울 둘레길 5코스는 왼쪽 아차산 쪽으로 진행한다. 오른쪽은 용마산 정상으로 이어진다. 계단을 따라가면 나오는 아차산 4보루는 아차산 보루 중 두 번째로 큰 규모이며 아차산 능선의 가장 북단에 있다. 4보루에는 성벽에 접근하는 적을 옆쪽에서 공격할 수 있는 '치'가 한강을 향해 이빨처럼 뻗어 나와 있다. 이곳 치에서 바라보는 한강 전망이 일품이다.

아차산 정상인 아차산 3보루는 둘레 450m로 아차산 보루 중 규모가 가장 크다. 한강과 나란하게 길쭉한 모양으로 길 양옆에 소나무가 도열한 모습이 인상적이다. 소나무 군락이 끝나는 지점에 하늘로 솟은 탑이 서울의 랜드마크인 롯데월드타워다. 3보루의 해발 고도가 295.7m, 롯데월드타워의 높이가 555m다.

아차산 3보루를 지나 나오는 삼거리에서 직진해 아차산 5보루와 1보루로 이어지는 길로 간다. 보루 번호는 보루를 발견한 순서대로 정해 아차산 북쪽에서 남쪽으로 능선을 따라 4, 3, 6, 5, 1의 순서다. 삼거리에서 왼쪽 길은 능선에서 떨어진 2보루로 이어진다.

부드러운 능선길이 어느 순간 바위 구간으로 변한다. 사람들의 발길이 끊임없이 이어져 반질반질해진 바윗길 주위에는 분재처럼 휘어진 소나무가 군락을 이룬다. 키 작은 소나무가 다양한 형태로 휘어지고 굽어져 납작 엎드린 것 같다. 그 소나무 위로 한강과 롯데월드타워가 다시 한번 보인다.

아차산 1보루에 오르기 위해서는 ㄱ자 모양으로 휘어져 출입문 역할을 하는 붉은 소나무 밑을 통과해야 한다. 1보루에 서면 한강이 유려하게 1보루를 휘어나가고, 그 뒤로 서울 도심을 에워싼 천마산, 예봉산, 검단산, 남한산성이 파노라마로 펼쳐진다. 해발 300m가 되지 않는 야트막한 산이지만, 이곳에서 바라보는 서울 도심 풍경과 한강 전망은 일품이다.

하산하는 길, 해맞이공원을 지나 아차산생태공원으로 내려오면서 산길은 끝난다. 도로와 마을길을 따라 10~15분 정도 이동하면 지하철 5호선 광나루역에 다다른다.

바윗길의 분재처럼 휘어진 소나무

한양의 중심을 한눈에 내려다보는 성곽길

서울 북악산

이동 거리	4.5km
소요 시간	3시간
추천 시기	봄 > 가을

서울 도심에 위치해 편하게 방문할 수 있으면서도, 짧은 시간 대비 서울의 수려한 경관을 보여주는 곳이 있다. 바로 북악산이다. 창의문에서 백악마루를 향해 뻗은 한양도성 성곽길은 발아래로는 600년 역사의 도성을, 눈앞으로는 북한산과 인왕산의 절경을 동시에 담아내는 서울의 지붕과도 같은 길이다. 구릉 위에 자연스럽게 축조된 성곽길은 걷는 내내 아름다운 곡선미를 뽐낸다. 한양도성 백악 구간 중 최고의 전망대로 꼽히는 곡장에서는 N서울타워와 경복궁, 광화문, 세종대로가 빚어낸 과거와 현재의 멋진 풍경을 볼 수 있다. 주변 볼거리도 워낙 많아 가벼운 마음으로 언제 방문해도 좋은 코스다.

주변 관광지

- 경복궁 +1.5km
- 북촌 +1km

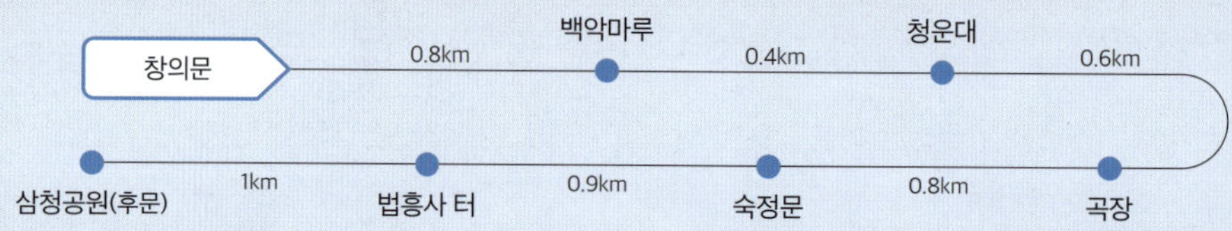

이동 방법

🚗 자동차

서울 도심이라 주차하기가 편하지 않으니 대중교통을 이용한다.

🚌 대중교통

지하철 3호선 경복궁역 3번 출구로 나와 1020·7022·7212번 버스 승차 후 '자하문고개·윤동주문학관'에서 하차한다.

추천 맛집

🍲 삼청동 수제비

주소 서울 종로구 삼청로 101-1

전화 02-735-2965

줄 서서 먹는 식당이다. 고소하고 쫀득한 수제비가 메인이지만 겉은 바삭하고 안은 촉촉한 감자전도 맛 좋다.

🍲 황생가 칼국수

주소 서울 종로구 북촌로5길 78

전화 02-739-6334

미쉐린 가이드에 2017년부터 연속 선정된 식당이다. 담백한 사골칼국수가 일품이다.

1392년 조선을 건국한 태조는 1394년 도읍을 한양으로 옮기면서 경복궁을 지었고, 이후 한양을 방어하기 위해 도성 축조를 결정했다. 1396년에 완성된 도성은 총 길이 18.6km로 풍수지리에 따라 낙산(좌청룡), 인왕산(우백호), 남산(남주작), 북악산(북현무)의 능선을 따라 쌓았다. 이 중 북악산은 청와대 경호와 군사 시설 보호를 위해 오랜 기간 통제되었다. 2006년 4월부터 일부 구간이 개방되기 시작해 2022년 5월 대통령 집무실이 이전되면서 청와대를 포함한 북악산 전체가 개방되었다. 그러다 2025년 12월 대통령 집무실이 다시 청와대로 복귀되면서 청와대 및 인접 등산로가 통제되고 있다. 숙정문에서 법흥사 터를 거쳐 삼청 쉼터로 가는 이 코스는 그대로 이용할 수 있다.

코스의 들머리인 창의문은 한양을 둘러싼 사대문(四大門) 사이에 위치한 문인 사소문(四小門)으로 한양의 북서쪽을 담당한다. 창의문 오른쪽 계단에 올라 안내소를 지나치면 곧바로 한양도성 성곽길이 나온다. 목재 데크로 이루어져 길의 상태는 좋지만 성곽 자체가 험로에 위치하다 보니 백악마루까지 가는 길은 가파름이 심하다. 한 걸음 한 걸음 옮기기 힘들지만 걸을 때마다 고도가 높아지면서 시야가 확보되어 시원한 조망을 선사한다. 잠시 멈추어 서서 왼쪽을 바라보면 족두리봉부터 보현봉까지 이어지는 북한산 능선이 보인다. 뒤쪽을 돌아보면 계단 건너편으로 회색의 커다란 바위산인 인왕산이 반겨준다. 성벽 위에는 방어와 공격을 위해 여장이라는 낮은 담장

1 창의문
2 가파른 계단 구간과 북한산 쪽 풍경

청운대 정상석

을 쌓았는데, 이 담장과 담장 사이에 '타구'라고 하는 사각형으로 트인 구멍이 있다. 타구가 카메라 프레임 같은 역할을 해줘 이동할 때마다 타구를 통해 서울 도심 풍경을 색다르게 볼 수 있다.

백악 쉼터에서 잠시 숨을 고르고 5분 정도 오르면 북악산 정상인 백악마루다. 정상석 주변은 나무가 많아 전망이 별로 좋지 않다. 정상석 옆으로 3~4m 정도 이동하면 탁 트인 전망이 펼쳐지므로 이곳에서 인증 사진을 찍는 것이 좋다. 다만 사진을 찍을 때는 안내판을 유심히 살펴야 한다. 특정 방향으로 군사 시설이 위치해 사진을 찍는 것이 금지된다.

백악마루에서 청운대까지 이르는 길은 성곽이 높게 쌓여 있어 전망을 볼 수 없다. 대신 이 길의 중간 지점에 눈길을 끄는 소나무(일명 1.21 사태 소나무) 한 그루가 있다. 1968년 1월 21일 북한 무장 간첩단 김신조 일당의 청와대 습격 당시 우리 군인과 간첩단 사이 치열한 총격전의 흔적이 남은 소나무다. 빨간색 페인트가 그 당시 총알이 소나무에 박힌 자리다.

청운대에서는 경복궁이 제대로 보이지 않는다. 북악산에서 경복궁을 가장 조망하기 좋은 장소라는 안내판이 무색할 정도로 주변에 숲이 우거져 있다. 오히려 이곳보다 5분 거리에 있는 청운대 쉼터에서 더 잘 보인다. 하지만 경복궁과 서울 도심이 가장 멋지게 펼쳐지는 장소는 백악 곡성이다. 곡성(曲城) 또는 곡장(曲墻)은 주변을 관찰하기 쉽도록 조망이 좋은 위치에 성벽 일부분을 바깥쪽으로 돌출시킨 곳을 말한다. 이곳에 서면 경복궁과 광화문, 그 뒤의 세종대로, 그리고 남산까지 한눈에 들어와 과거와 현재가 어우러진 풍경을 볼 수 있다.

곡장에서 바라본 풍경

　　한양도성의 북대문인 숙정문을 지나 2022년 4월 새롭게 개방한 북악산 남측면으로 발걸음을 옮긴다. 일반인의 출입이 금지되었던 만큼 울창한 숲이 잘 보존되어 있다. 숲길을 따라 걷다 보면 법흥사 터를 지나 삼청 쉼터가 나온다. 여름철 장병들이 계곡물을 이용해 수영하던 곳이다. 탐방로를 내려와 길 건너 데크길을 따라 삼청공원 후문으로 나오며 600여 년 전 한양도성길 탐방을 마무리한다.

법흥사 터

삼청 쉼터

도심을 병풍처럼 둘러싼 수려한 산세 감상

서울 관악산 연주대 -사당 능선

이동 거리	9km
소요 시간	4시간 30분
추천 시기	가을 > 봄

관악산은 다양한 산행 루트만큼이나 능선 곳곳에서 서울을 병풍처럼 둘러싼 산세를 파노라마 뷰로 볼 수 있다. 이 중 최고의 전망 코스를 꼽자면 사당 능선이다. 사당 능선에 오르면 북한산과 도봉산 자락의 바위 능선이 서울 도심을 에워싼 풍경이 한 폭의 그림처럼 눈에 담긴다. 비교적 거리가 짧고 오르기 쉬운 과천향교에서 연주대로 오르면, 사당 능선 암릉을 여유롭게 걸으며 시원한 산세를 전망할 수 있다.

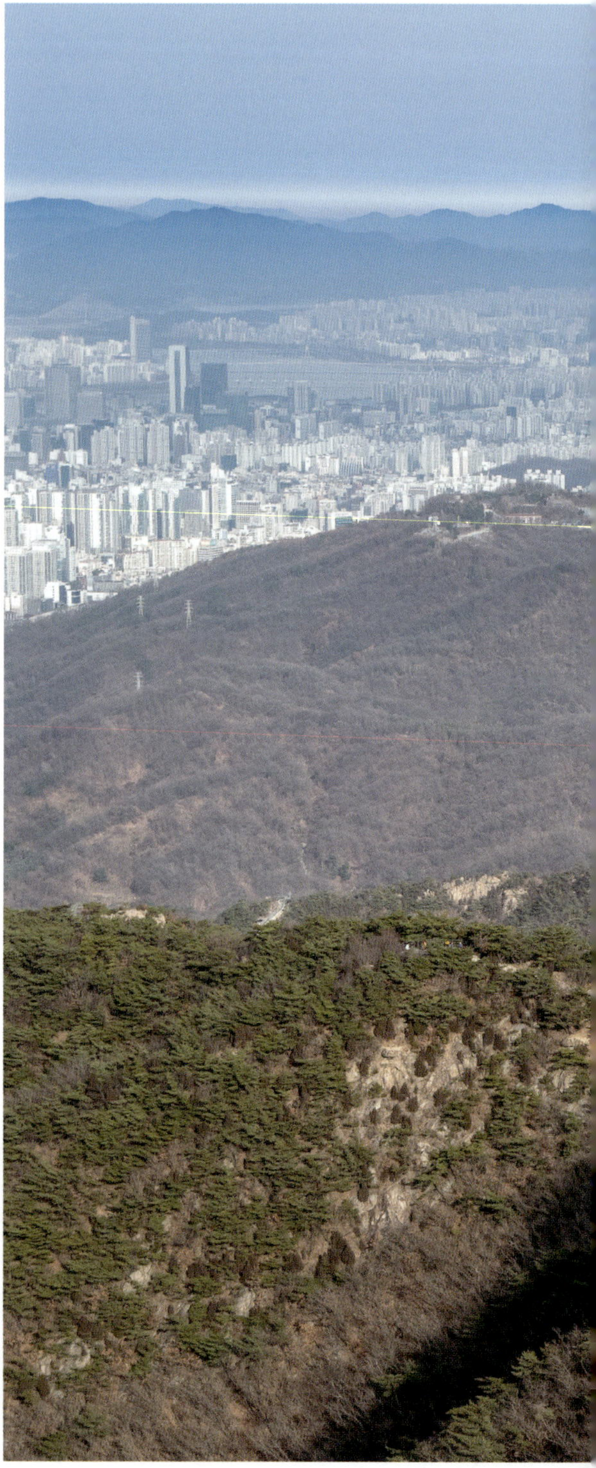

🗺️ **주변 관광지**

· 서울시립 남서울미술관 +0.2km

· 서울대공원 +5.8km

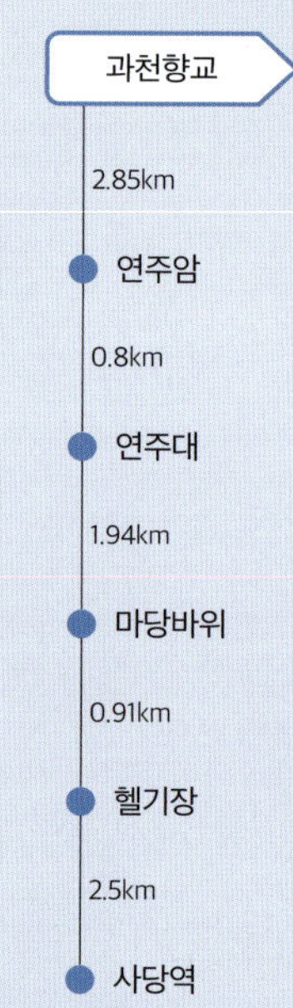

이동 방법

🚗 자동차

목적지: 관악산 노상주차장

(경기 과천시 중앙동 44)

🚌 대중교통

지하철 4호선 과천역 7번 출구로 나와 800m(도보 15분) 이동한다.

추천 맛집

삼육가(사당역 직영점)

주소 서울 서초구 방배천로 10 동화빌딩

전화 0507-1426-0106

대표 메뉴인 꽃삼겹을 추천한다. 칼집이 들어간 삼겹살을 삼육가만의 간장과 달걀노른자 베이스인 폰즈소스에 찍어 먹으면 좋다.

관악산지킴이

주소 경기 과천시 자하동길 18

전화 02-504-1076

뚝배기된장보리밥과 비빔밥에는 겉은 바삭하고 속은 촉촉한 고등어구이와 구수한 된장찌개가 함께 나온다. 정갈한 밑반찬도 별미다.

코스의 들머리인 과천향교를 지나 상가가 모
여 있는 골목을 통과하면 오른쪽으로 연주
대로 올라가는 돌계단이 나타난다. 본격적
인 산행의 시작이다. 탐방로는 위험한 구간
에 데크 계단을, 위험하지 않은 구간에 자연
지형을 그대로 활용한 돌계단을 만들어 안전
하게 걸을 수 있다. 연주암까지 0.45km 남은
지점부터 오르막의 경사가 조금씩 심해진다.
막판 극도의 경사 구간인 데크 계단을 오르
면 연주암이다. 연주암부터 연주대(연주봉)까
지는 가파른 계단길이다. 중간에 쉼터 겸 연
주대를 바라볼 수 있는 전망대가 있다. 관악
산을 대표하는 연주대의 풍경은 이곳 전망대
에서 바라보아야 제격이다. 연주대는 십여 개
의 바위기둥이 모여 하나의 깎아지른 절벽을
이루는데, 그 끝에 자리한 응진전은 보기만
해도 아찔하다.

관악산 정상인 연주대에는 정상석과 인
증 사진을 찍기 위해 긴 줄이 늘어선다. 줄을
피해 정상석 뒤 커다란 바위 지대를 넘어서
면 바위 지대에 가려 보이지 않던 놀라운 풍
경이 펼쳐진다. 앞쪽으로 우뚝 솟은 바위 봉
우리가 지그재그로 뻗어나가고, 뒤로는 롯데
월드타워를 비롯해 서울 도심의 아파트 숲이

1 연주암 도착 전 경사가 심한 데크 계단
2 연주대 전망대에서 바라본 연주대

1 연주대 앞쪽의 바위 봉우리 2 관악산 정상석 3 관악문

빼곡하게 들어서 있다. 그 뒤로 산자락이 서울 도심을 병풍처럼 감싼다. 지그재그로 뻗어나간 바위 능선이 바로 사당 능선으로 관악산 코스 중에서 전망 좋기로 으뜸이다.

연주대에서 바로 앞쪽에 보이는 바위 봉우리로 이동할 때는 데크 계단을 벗어나 바위 지대를 올라야 한다. 안전시설이 따로 없어 조심해야 하는 사당 능선에서 제일 위험한 구간이다. 이후에도 몇 차례 바위 지대를 통과하나 이곳 외에는 크게 위험하지 않다. 바위 봉우리에서는 롯데월드타워도 또렷하게 보이지만, 북쪽으로 하얀 바위 능선이 파노라마처럼 펼쳐지는 북한산과 도봉산 자락의 풍경이 더 인상적이다. 서울 도심과 산세를 한눈에 조망할 수 있는 최고의 전망대다.

커다란 바위 대문인 관악문을 지나 능선의 낮은 지점인 안부에 도착하면 '사당역 1시간, 연주대 600m' 이정표가 안도감을 준다. 1시간만 걸으면 사당역이라고 하지만 풍경을 감상하며 걷다 보면 1시간을 훌쩍 넘기게 되니 참고만 하자.

마당바위

서울 도심을 바라보며 걸을 수 있는 암릉 구간과 데크 구간이 반복되고 잠시 쉬어갈 즈음 나타나는 넓은 바위가 마당바위다. 마당바위에 앉으면 왼쪽으로는 한강과 북한산, 도봉산이 더 가까이 보이고, 오른쪽으로는 지금까지 걸어온 사당 능선이 보인다. 뒤이어 만나는 하마바위는 바위가 워낙 커서 안내판 뒤쪽으로 물러나야 하마 모양의 윤곽이 잡힌다. 하마바위를 지나 나오는 헬기장에는 '관음사 1.3km, 사당역 2.5km' 이정표가 있다. 직진(사당역 2.5km 방향)하여 일몰 풍경이 아름다운 선유천 국기대에서 노을을 감상하고 사당역으로 향한다.

하마바위

선유천 국기대

바다와 산을 가장 가까이서 즐기는 섬

인천 무의도 -소무의도

이동 거리	7.8km
소요 시간	4시간
추천 시기	봄 > 가을

여름철 피서지로 유명한 하나개해수욕장에는 백사장뿐만 아니라 아름다운 해안 절벽도 있다. 해안 절벽을 끼고 550m에 달하는 해상관광탐방로가 조성되어 바다 위를 거닐며 서해와 기암괴석을 감상할 수 있다. 해상 데크에서 40분 정도 오르면 서해의 알프스로 불리는 호룡곡산의 전경이 펼쳐진다. 모래사장과 해상 데크, 산의 전망뿐만 아니라 소무의도의 해안 절벽 둘레길까지 함께 즐길 수 있다.

📍 주변 관광지

- 실미도해수욕장 +5.3km
- 을왕리해수욕장 +14.6km

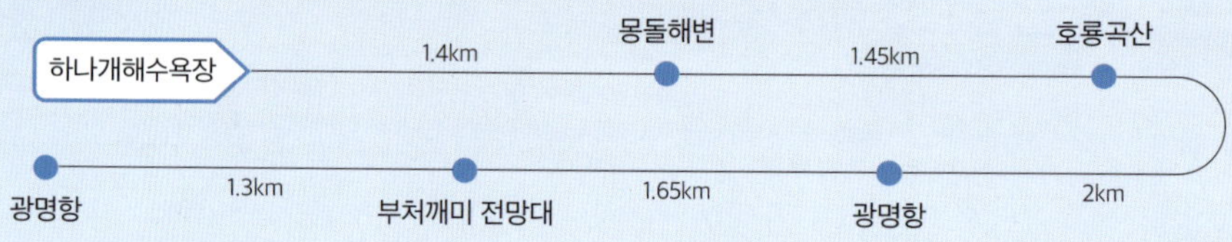

이동 방법

🚗 자동차

목적지: 하나개해수욕장 공영주차장
(인천 중구 하나개로 129)

🚌 대중교통

인천국제공항 제1터미널 3층 7번 출구로 나와 무의1번 마을버스 승차 후 '하나개해수욕장'에서 하차한다.

추천 맛집

무의도에는 횟집이 많다. 식사를 위한 음식점은 무의도에서 4~6km 떨어진 지점에 위치한다.

🍜 미애네칼국수(1호점 본점)

주소 인천 중구 용유로21번길 51
전화 032-746-3838

바지락 외에도 전복과 낙지가 들어간 바닷속칼국수가 인기 있다. 시원한 국물과 쫀득한 면발의 식감이 좋다.

🍜 해송쌈밥

주소 인천 중구 공항서로 177
전화 032-747-0073

각종 채소에 우렁쌈장과 갈치속젓을 곁들여 먹는 쌈밥집이다. 고등어조림을 비롯한 10여 가지 밑반찬도 맛있다.

하나개해수욕장

인천, 서울과 경기도 서쪽에서 접근하기 쉬운 무의도는 서쪽 해변에 해식애가 발달했고, 북쪽과 남쪽에 국사봉과 호룡곡산이라는 산지가 자리한다. 즉, 산과 바다 풍경을 동시에 볼 수 있는 섬이다.

코스의 들머리이자 무의도 서쪽 해변 중간쯤에 자리한 하나개해수욕장은 큰 개펄이라는 뜻을 가진 이름에 걸맞게 썰물 때면 백사장 뒤로 드넓은 개펄이 펼쳐진다. 백사장은 여름에 더위를 식히는 피서지로, 개펄은 저녁 때 아름다운 일몰 장소로 유명하다.

해안 절벽을 보기 위해서는 바다 위로 걸을 수 있는 해상 데크로 가야 한다. 해상 데크는 총길이 550m의 해상관광탐방로로 오른쪽으로는 탁 트인 서해의 풍경을, 왼쪽으로는 거친 파도가 만들어낸 다양한 모양의 바위를 볼 수 있다. 탐방로에 갖가지 바위에 대한 안내판이 있어 이를 찾아보는 재미가 쏠

해상 데크

1 호룡곡산 전망대
2 호룡곡산 정상석
3 광명항과 호룡곡산이 갈라지는 삼거리

쏠하다. 해상 데크는 몽돌해변에서 끝나고 뒤이어 산길이 시작된다.

무의도는 소나무가 주종을 이루지만, 호룡곡산 일대에서 다양한 종류의 활엽수가 자란다. 덕분에 몽돌해변에서 호룡곡산 정상으로 가는 등산로는 그늘이 우거져, 한여름에도 시원하게 트레킹을 즐길 수 있다. 평탄하던 숲길이 끝나고 5분 정도의 급경사를 오르면 호룡곡산 산림욕장에서 올라오는 능선과 만난다. 이후 나오는 삼거리는 왼쪽이 호룡곡산, 오른쪽이 광명항으로 이어진다. 소무의도는 광명항 방향에 있어 호룡곡산을 먼저 다녀온 후 이곳으로 되돌아와 광명항으로 진행한다.

호룡곡산은 해발 244m로 무의도에서 제일 높아 전망대에 서면 무의도 전체를 파노라마로 볼 수 있다. 탁 트인 조망과 저 멀리까지 보이는 바다의 풍경을 눈에 담으면 가슴까지 시원해진다.

삼거리로 돌아와 광명항으로 가는 길목에 커다란 바위가 있다. 이곳이 소무의도 포토존이다. 바위 위에 서면 광명항 뒤로 에메랄드빛 바다 위에 떠 있는 소무의도와 빨간 지붕이 모여 있는 마을이 색의 대비를 이루어 사진을 찍기 좋다.

소무의도는 소무의인도교를 건너야 갈 수 있다. 이 다리는 떼무리선착장과 광명항 선착장을 잇는 타원형 모양의 길이 414m, 폭 3.8m의 교량이다. 자동차는 진입

할 수 없고, 사람만 통행할 수 있다. 소무의도 둘레길은 섬 둘레를 따라 2km를 한 바퀴를 도는데 1시간 내외로 소요된다. 인도교를 통해 소무의도로 들어가 직진 길을 선택해 10분 정도 급경사를 오르면 소무의도 안산 정상(74m)이다. 정상은 조망이 좋지 않다. 주변에 소나무가 자라고 있기 때문인데, 이 소나무가 내려가는 길에는 군락을 이룬다. 강한 해풍에 자생하기 위해서 소나무가 크게 자라지 않고, 가지들도 넓게 퍼지다 보니 그 모양이 인위적으로 다듬은 소나무 분재 같다.

내리막을 다 내려오면 해안 절벽과 해안을 따라가는 둘레길이 시작된다. 소무의도 둘레길에서 가장 아름다운 풍경을 보여주는 곳은 부처깨미 전망대다. 바닷가 해안 절벽 끝에 전망 데크가 설치되어 있다. 전망대에서는 송도국제도시와 영종도는 물론 우리나라 최초의 등대인 팔미도등대가 바로 앞에 보인다. 이곳은 과거 소무의도 주민들이 만선과 안전을 기원하기 위해 재물로 소를 잡아 풍어제를 지내던 곳이기도 하다. 전망대를 지나면서부터는 숲길이 이어지고, 숲길이 끝나면 소무의도 어촌마을을 걷는다. 한 바퀴를 돌고 인도교를 건너 광명항으로 가 무의1번 버스를 타고 하나개해수욕장이나 인천국제공항으로 이동한다.

부처깨미 전망대

안산 구봉도

이동 거리	4.9km
소요 시간	2시간 10분
추천 시기	봄 > 가을 > 겨울

구봉도에서만 만날 수 있는 특별한 풍경이 있다. 해안가에 있는 두 개의 큰 바위가 그 주인공으로 바위가 서 있다고 하여 구봉이 선돌이라 부른다. 작은 바위는 할머니, 큰 바위는 할아버지의 모습을 닮아 각각 할매바위, 할아배바위라고도 한다. 두 바위 사이로 해가 떨어지는 모습은 서해의 여러 일몰 포인트 중에서도 아름답기로 유명하다. 트레킹의 끝자락에 만나 더욱 더 넋을 잃고 보게 되는 이 풍경은 마치 자연이 주는 선물 같다.

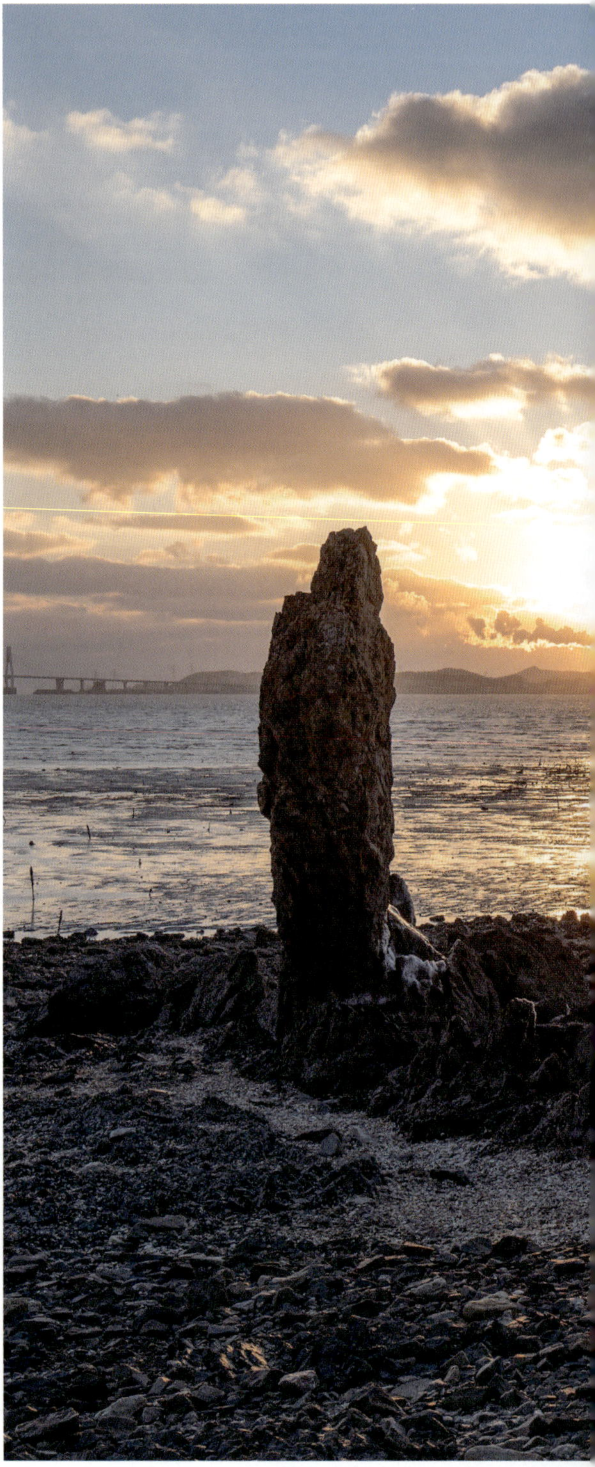

주변 관광지

• 대부바다향기테마파크 +3.6km

• 바다향기수목원 +12km

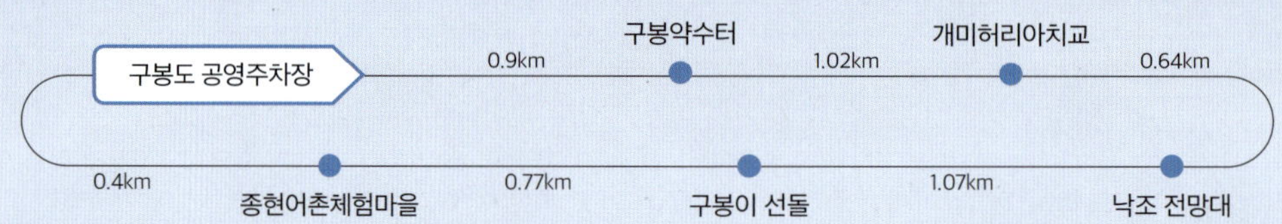

이동 방법

🚗 자동차

목적지: 구봉도 공영주차장

(경기 안산시 단원구 대부북동 산 35-3)

※공영주차장이 협소한 편이므로 주말과 공휴일에는 200m 거리에 위치한 공영주차장 152호에 주차한다.

🚌 대중교통

지하철 수인분당선·4호선 오이도역 2번 출구로 나와 123번 버스에 승차한다. '방아머리선착장' 하차 후 737번으로 환승해 '구봉도'에서 내린다.

추천 맛집

주변에 여행자가 갈 만한 음식점이 없으므로 2.3km를 이동해 대부황금로 부근의 식당가에서 식사를 해결한다.

🍴 배터지는집

주소 경기도 안산시 단원구 구봉길 6

전화 032-884-4787

굴밥에 들어간 굴이 오동통하고 탱글탱글하다. 밑반찬도 깔끔하게 나온다.

🍴 바르미 백합칼국수

주소 경기도 안산시 단원구 구봉길 12

전화 0507-1402-1716

칼국수에 달달하고 쫄깃한 백합(조개류)이 들어간다. 오래 끓이면 질겨지니 백합을 먼저 건져 먹은 뒤 칼국수를 먹자.

대부해솔길 제1코스의 하이라이트 구간으로 대부도와 이어져 있는 구봉도를 한 바퀴 돈다. 구봉도는 아홉 개의 봉우리로 이루어져 있는데, 제일 높은 봉우리 '구봉이'는 해발 95.8m로 쉽게 오를 수 있다. 공영주차장에서 낙조 전망대로 가는 길은 두 가지다. 구봉이 8부 능선을 우회해 가는 숲길과 서북쪽 구봉이 선돌을 지나가는 해안길이다. 어느 쪽으로 가든 개미허리 아치교에서 만나지만 일몰을 볼 예정이라면 어두워지기 전에 하산해야 하므로 숲길을 먼저 걷고 구봉이 선돌 방향으로 돌아나간다.

공영주차장 오른쪽으로 난 산길로 접어들며 코스가 시작된다. 5~10분 정도 가파른 길을 오르면 구봉이 8부 능선에 다다르는데, 이후 산길은 능선을 따라 구봉약수터 삼거리까지 이어진다. 구봉약수터(천연물약수터)는 삼거리에서 급경사 데크 계단을 따라 50m 정도를 내려가야 한다. 가뭄 때에도 물이 마르지 않고, 물맛이 좋기로 소문난 약수터다. 약수터 앞 바다는 서해라고는 생각되기 어려울 정도로 깨끗하고 맑다. 바다 앞쪽으로는 시화호 방조제와 더 뒤로 인천 송도까지 보인다.

다시 삼거리로 돌아와 나아가면 사거리 같은 삼거리가 나온다. 정면 방향은 종현어촌체험마을 공원으로, 오른쪽은 낙조 전망대로 가는 길이다. 왼쪽은 구봉이를 거쳐 공영주차장으로 가는 옛길이다. 예전에는 사람들이 자주 이용하던 길이라 희미하게 흔적이 있지만, 지금은 이용하지 않는다. 풀들이 웃자라 등산로 상태가 좋지 않으므로 잘못 가지 않도록 주의한다. 삼거리에서 오른쪽 낙조 전망대 방향으로 가면 울창한 바닷가 소나무 숲길이 나오며 아름드리 해송이 개미허리아치교까지 아름답게 이어진다. 여름에는 햇빛을 막아주고, 겨울에는 바람을 막아주는 해송의 존재가 고맙기 그지없다.

구봉약수터

1 개미허리아치교 풍경 2 썰물 때 갈 수 있는 해안길 3 낙조 전망대 해상 데크

낙조 전망대를 가기 위해서는 구봉도의 잘록한 개미허리 지대를 지나야 한다. 섬과 섬을 잇는 개미허리아치교가 가진 특유의 부드러운 곡선도 아름답지만, 아치교가 보이는 전경 자체가 장관이다. 울창한 숲길을 지나면 탁 트인 파란 하늘, 푸른 바다, 그 앞의 봉우리와 둥근 다리가 어우러진 멋진 풍경이 펼쳐져 자연스럽게 사진을 찍게 된다.

아치교에서 봉우리 정상까지 올라 해변 방향으로 길을 내려가면 해상 데크가 나온다. 시원하게 펼쳐진 바다 조망과 노란색 등대가 보인다. 노란색 등대 바로 옆 데크 끝 지점에 안산 9경 중 3경인 구봉도 낙조 전망대가 있다. 구봉이 선돌과 더불어 노을이 아름다운 장소로 유명하다. 전망대 가운데에는 석양을 형상화한 조형물이 있다. 일몰을 배경으로 이 조형물에 앉거나 조형물 중앙에 석양을 담아 사진을 찍는 포토존이다. 다만, 이곳에서 일몰을 보면 가로등 없는 어두운 길을 걸어 나가야 하므로 일몰은 구봉이 선돌에서 보는 것을 추천한다.

노란 등대와 낙조 전망대

　썰물 때에는 낙조 전망대에서 해안길을 따라 구봉이 선돌까지 갈 수 있지만, 밀물 때에는 해안길이 바닷물에 잠긴다. 이때에는 개미허리아치교를 건너와 소나무 숲길로 이동한 후 구봉이 선돌로 안내하는 이정표를 따라간다. 중간중간 샛길이 나오는데 안전시설이 전혀 없어 위험하니 꼭 이정표를 따라 이동하자.

　구봉이 선돌은 뾰족한 모양의 커다란 바위 두 개를 지칭하는데 전망대에서 바라보았을 때 왼쪽이 할매바위, 오른쪽이 할아배바위다. 어느 계절에 와도 아름다운 일물을 볼 수 있지만, 특히나 겨울철에 가장 아름답다. 두 바위 사이로 떨어지는 붉은 석양이 훤히 드러난 갯벌에 노을빛을 드리워 서해만의 비경을 연출한다. 마지막 포인트에서 보는 풍경이 마치 선물 같다. 이 아름다운 풍광을 한없이 감상하다 종현어촌체험마을을 거쳐 나가면 들머리였던 공영주차장으로 돌아온다.

성곽길 따라 옛 시간을 걷는 화성 한 바퀴

수원 수원화성

이동 거리	5.51km
소요 시간	2시간 30분
추천 시기	가을 > 봄 > 여름

평탄하면서도 곡선미가 아름다운 수원화성 성곽 길에는 수원 시내를 내려다볼 수 있는 조망처가 곳곳에 있다. 조선 시대에는 군사적 관측 장소로 쓰이던 곳이지만 지금은 전망대 겸 사진 명소가 되었다. 독특한 지붕을 가진 방화수류정은 연못과 어우러진 풍경이 아름답기로 소문난 정자다. 팔달산 정상에 자리한 서장대는 장엄하고, 서장대에서 보는 성곽과 수원 시가지는 시원스럽다. 부담 없이 걸으며 수원화성 풍경의 백미를 만날 수 있는 코스다.

주변 관광지

- 행궁동벽화마을 +0.55km
- 월화원 +4.5km

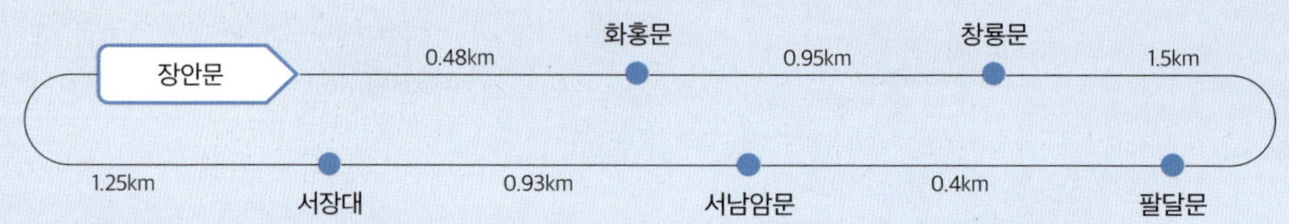

이동 방법

🚗 자동차

목적지: 화홍문 공영주차장
(경기 수원시 장안구 팔달로 280)

🚌 대중교통

지하철 1호선·수인분당선 수원역 7번 출구로 나와 7-1·60-1·66·66-4·301·310번 버스 승차 후 '장안공원'에서 하차한다.

추천 맛집

연포갈비

주소 경기 수원시 팔달구 정조로906번길 56-1
전화 031-255-1337

화홍문 근처에 위치한다. 밑반찬 맛이 뛰어나고 생갈비와 양념갈비가 주메뉴다. 점심 한정인 갈비정식과 갈비탕도 맛있다.

용성통닭(본점)

주소 경기 수원시 팔달구 정조로800번길 15
전화 0507-1413-8226

수원통닭골목에서 유명한 맛집이다. 통닭이 고소하면서도 담백하다. 통닭을 시키면 닭발튀김과 똥집튀김이 기본으로 제공된다.

성곽길 트레킹은 수원화성 북쪽의 성문인 장안문 옆 계단을 오르며 시작된다. 성벽 위 낮은 담장인 여장과 함께 걷는 길로 성곽을 시계 방향으로 이동해 수원화성 남문인 팔달문과 서장대를 거쳐 다시 장안문 돌아오는 코스다. 성곽길 오른쪽으로 낮은 건물들이 모인 성안 도심 풍경이 정겹다.

출발한 지 얼마 안 가 도착하는 화홍문(북수문)은 수원천이 흐르는 수문으로 수문을 빠져나온 물보라와 수문 위의 누각이 어우러져 건축물과 자연이 혼연일체를 이룬다. 화홍문 바로 옆의 동북각루는 원래 커다란 바위 위에 누각을 세워 주변을 감시하기 위해 만든 군사 시설이다. 하지만 바로 아래에 버드나무가 우거진 아름다운 연못인 용연(龍淵)이 있고, 용연 주위로 꽃이 가득해 평상시에는 경치를 조망하는 정자의 역할을 했다. 동북각루 정자의 별칭인 방화수류정(訪花隨柳亭)은 한자 뜻 그대로 꽃을 찾고 버들을 따라 노닌다는 의미다.

군사들이 훈련하는 장소로 쓰이던 연무대(동장대)까지는 유장하게 흐르는 성곽의 곡선미를 볼 수 있다. 성곽길 오른쪽으로 성안에는 키 큰 소나무가, 성 밖에는 억새가 가득히 펼쳐져 아름답기 그지없다. 연무대를 지나 동문인 창룡문에 도착하면 수원 시내 전경을 감상할 수 있는 열기구 플라잉수원이 보인다. 이후 10여 분 걷다 보면 화성의 봉수대인 봉돈(烽墩)을 만난다. 산 정상에 있는 일반적인 봉수대와 달리 화성 성벽에 맞물려 있다. 다섯 개의 화두(火竇, 횃불 구멍)가 정교하게 만들어진 예술 작품 같다. 봉돈 앞쪽으로 화성행궁과 그 뒤로

1 화홍문
2 봉돈

행궁을 포근하게 감싸는 팔달산, 정상의 서장대가 한눈에 들어온다.

팔달문 양쪽으로는 미복원 구간이라 성곽길이 아닌 상가 지대를 잠시 걷는다. 이후 다시 성곽길이 시작되는데 팔달산으로 곧바로 올라가는 길이라 매우 가파르다. 10여 분을 힘겹게 오르다 화포를 갖춘 남포루에서 잠시 쉰다. 숨을 고르고 뒤를 돌아보면 팔달문에서 창룡문으로 이어지는 성곽, 성곽 뒤로 수원월드컵경기장과 빼곡하게 들어선 아파트가 한눈에 들어온다. 도심에서 10여 분만에 이런 풍경을 볼 수 있다는 것이 놀랍기만 하다.

오르막은 화성 서남쪽에 낸 비밀 통로인 서남암문에서 끝난다. 서남암문을 통해 성 밖으로 나오면 좁고 긴 성벽 위로 키 큰 소나무가 안쪽으로 가지를 뻗어 180m 정도의 터널을 만든다. 그 길 끝의 화양루라는 별칭을 가진 서남각루에 잠시 들렀다 서남암문으로 되돌아와 서장대까지 이어지는 편안한 산책로를 걷는다.

남포루에서 바라본 수원 시내

1 서남암문에서 서남각루로 이어지는 좁고 긴 성벽길
2 서장대 3 서장대 전망

　　서장대는 팔달산 정상에 자리한 장대(將臺)다. 장대는 성곽 일대를 조망하면서 장수가 군사를 지휘하던 곳이다. 화성에는 장대가 서장대(西將臺)와 동장대(東將臺) 두 곳이 있고, 서장대는 2층 누각 편액에 적힌 '화성장대(華城將臺)'로도 불린다. 이 글자는 정조의 친필을 복원한 것이다. 산 정상에 자리한 덕분에 서장대 끝자락에 서면 굽이굽이 유려한 수원화성 성곽과 수원 시내를 한눈에 담을 수 있다. 수원에서만 볼 수 있는 독특한 아름다움을 한껏 즐긴 후 이동한다. 화성의 서문인 화서문으로 내려와 성곽길을 따라가면 들머리였던 장안문에 다다른다.

초록초록 소나무 아래를 걷는 다정한 산성길

광주 남한산성

이동 거리	8.35km
소요 시간	3시간 30분
추천 시기	가을 > 봄 > 여름 > 겨울

아름드리 소나무 솔숲을 따라 호젓하게 걸을 수 있는 산책로, 가을이면 붉고 노란 단풍으로 아름답게 물드는 산성길, 주차장에서 20분만 걸으면 서울 도심의 풍경을 한눈에 내려다 볼 수 있는 전망대, 게다가 식당촌과 카페촌이 형성돼 먹거리와 마실 거리까지 풍부한 곳이 바로 남한산성이다. 유네스코 세계유산으로 등재되었으며, 북문에서 수어장대로 이어지는 솔숲길은 서울 근교에서는 유일하게 80~100년 된 소나무가 군락을 이룬다.

🏛 **주변 관광지**

• 율봄식물원 +13km

• 경안천습지생태공원 +17km

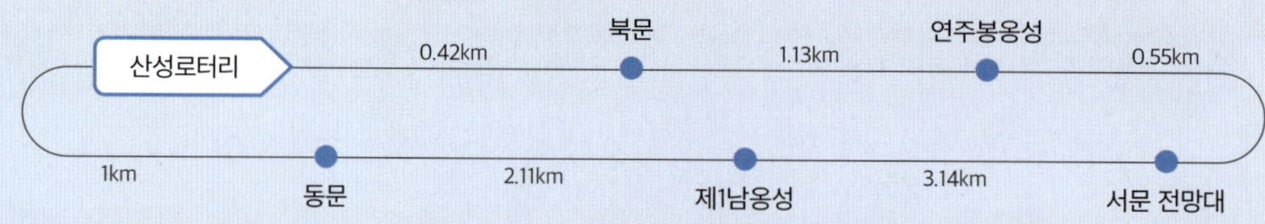

이동 방법

🚗 자동차

목적지: 남한산성도립공원 남문주차장
(경기 광주시 남한산성면 산성리 1049-1)

🚌 대중교통

지하철 8호선 산성역 2번 출구로 나와 9·9-1·52번 버스 승차 또는 지하철 경강선 경기광주역으로 나와 15-1번 버스 승차 후 '남한산성(종점)'에서 하차한다.

추천 맛집

🍴 용마루

주소 경기 광주시 남한산성면 남한산성로780번길 35
전화 0507-1310-9206

토종닭백숙과 토종닭볶음탕으로 유명하다. 봄, 가을에만 주문 가능한 추천 메뉴 산나물정식은 직접 채취한 나물을 사용한다.

🍴 산성맘모스

주소 경기 광주시 남한산성면 남한산성로 768
전화 031-746-7771

가마솥에서 직접 삶은 팥을 사용한다. 대표 메뉴인 맘모스빵은 1인 한 개만 구매 가능하다. 산행 중 먹을 간식으로 살 만한 빵이 많다.

한옥으로 지어진 상가들을 따라 산성로터리에서 북문으로 향한다. 북문부터 본격적으로 시작되는 산성길 옆으로 소나무가 늘어서 있고, 넓은 산책로 주변으로는 울창하게 숲을 이룬다. 남한산성은 소나무가 많기로 유명하다. 20세기 초반부터 산성 안의 마을 주민들이 조합을 만들어 산성 내의 나무를 베지 못하도록 막았다고 한다. 일명 '금림조합'으로 이곳 덕분에 남한산성 곳곳에서 울진 금강소나무숲길 부럽지 않은 멋진 소나무를 만날 수 있다. 회백색의 성곽과 푸르른 소나무의 색 대비가 길을 더 아름답게 만든다.

1 북문에서 시작되는 산성길
2 제5암문

아름드리 소나무가 우거진 산책로를 벗어나 산성길을 따라 오르면 제5암문에 도착한다. 암문은 적의 관측이 어려운 곳에 설치한 비밀 통로다. 남한산성에는 열여섯 개나 되는 암문이 있어 그 규모를 유추할 수 있는데, 산성의 총둘레가 12km나 된다. 제5암문 밖으로 나가면 전망 좋은 연주봉옹성이 있다. 옹성은 성문을 보호하기 위해 성문 밖으로 성벽을 둘러쌓은 이중 성벽이다. 이곳은 일반적인 옹성과 다르게 사람이 혀를 쭉 내민 듯이 본성 밖으로 길게 튀어나오도록 성벽을 쌓았다. 연주봉옹성에 오르면 한강과 그 뒤로 아차산, 더 뒤로 북한산, 도봉산, 불암산을 한눈에 조망할 수 있다.

제5암문에서 3~5분 거리에 남한산성 사대문 중 가장 작은 규모의 서문이 있다. 서문 밖 60m 지점에 남한산성 내 최고의 풍경이 펼쳐지는 서문 전망대가 있다. 이곳에 서면 가운데에 롯데월드타워와 남산, 왼쪽에 관악산과 청계산, 오른쪽에 북

1 연주봉옹성 2 서문 전망대에서 보이는 전경 3 남문

한산, 아차산, 도봉산, 불암산이 한 폭의 그림처럼 담긴다.

　서문으로 되돌아와 수어장대로 향한다. 수어장대로 가는 길에는 곳곳에 쉴 수 있는 벤치가 있다. 울창한 솔숲이라 여름에 더위를 피해 쉬어가기 좋다. 장수가 지휘와 관측을 위해 군사 목적으로 사용하던 수어장대를 지나 영춘정(迎春亭)으로 오른다. 봄을 맞이한다는 뜻의 영춘정에서 남문 쪽으로 유장하게 곡선을 그리며 휘어나가는 성곽의 아름다움에 감탄한다.

　남한산성의 사대문 중 가장 크고 웅장한 남문부터 제7암문까지는 오르막이다.

영춘정 앞쪽에서 바라본 남쪽 성곽 풍경

제7암문 밖에는 제1남옹성이 연주봉옹성처럼 본성에서 구릉을 따라 밖으로 길게 돌출되어 있다. 옹성 끝에는 여덟 개의 포루가 있고, 포루 뒤에는 장수가 지휘할 수 있는 축대가 높이 쌓여 있다. 우리나라 산성에서는 보기 힘든 모습이다. 북쪽으로 방금 전에 통과한 남문과 그 뒤로 롯데월드타워, 북한산이 한눈에 들어온다. 옹성에서 본성을 바라보면 거대한 성벽의 위용에 압도당한다. 천혜의 요새다운 남한산성의 모습을 이곳에서 제대로 볼 수 있다.

제1남옹성에서 제3남옹성까지 이어지는 산성길에는 단풍나무와 참나무가 많아 가을이면 붉고 노란 단풍이, 초겨울에는 바닥에 쌓인 낙엽이 아름답다. 동문에 다다를 때쯤이면 내리막을 따라 동문 뒤로 남한산성 9부 능선에 자리한 망월사의 십삼층석탑이 눈에 들어온다. 동문에서 1km를 걸으면 출발지였던 산성로터리에 도착한다. 트레킹 후 시간이 있다면 인근의 남한산성행궁을 들러도 좋다. 행궁은 왕이 서울의 궁궐을 떠나 도성 밖으로 행차할 때 임시로 거처하던 곳이다.

파사성에 올라 보는 탁 트인 남한강 일대

여주 여강길 8코스 (파사성길)

이동 거리	6.84km
소요 시간	3시간
추천 시기	가을 > 봄

유려하게 흐르는 남한강의 푸르른 물줄기를 가장 아름답게 내려다 볼 수 있는 곳이 여주 파사성이다. 성에 오르면 S자로 휘어나가는 남한강과 남한강 일대의 여주, 이천, 양평까지 한눈에 들어오는 시원한 절경을 만난다. 백로의 날갯짓을 형상화한 이포보의 아름다운 모습 또한 빼놓을 수 없다. 여강길 8코스는 파사성을 오르는 15분만 빼면 나머지는 평탄한 시골길로, 한 걸음 한 걸음 여유를 갖고 걸으며 느림의 미학으로 힐링하기 좋다.

주변 관광지

- 여주 신륵사 +16km
- 양평 세미원 +32km

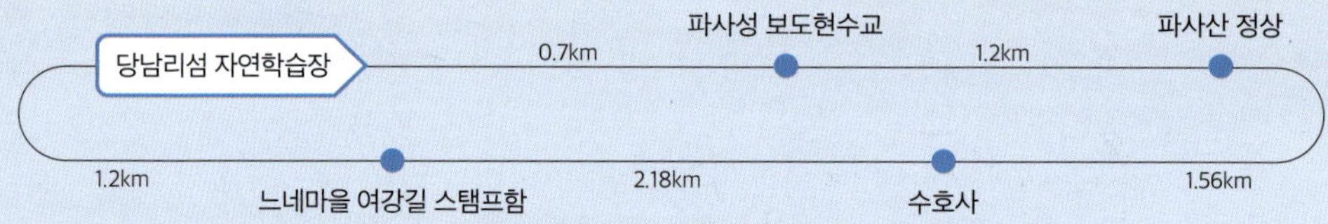

이동 방법

🚗 자동차

목적지: 당남리섬 제1주차장

(경기 여주시 대신면 여양로 1933)

※파사성 주차장이 따로 있으나 협소한 편이다.

🚌 대중교통

여주종합터미널 또는 양평터미널에서 1-10·1-12·1-30·1-42번 버스 승차 후 '천서사거리'에서 하차한다.

추천 맛집

🍲 천서리막국수(본점)

주소 경기 여주시 대신면 여양로 1974

전화 0507-1374-9803

부드러우면서도 담백한 면발과 비빔양념장의 조화가 좋다. 시원한 백김치와 따듯한 육수도 맛있다.

🍲 녹지촌

주소 경기 여주시 대신면 느네길 34-1

전화 0507-1449-9016

고소함이 느껴지는 미꾸라지 본연의 맛을 잘 살린 추어탕 맛집이다. 백숙과 닭볶음탕도 좋으나 사전에 예약해야 한다.

이포보 주변 습지에 조성된 당남리섬 자연학습장에는 물억새가 가득하다. 이 물억새를 보며 걷다 보면 이포대교에 도착한다. 이포대교 인근은 예전 이포나루가 있던 곳이다. 조선 시대에는 서울 마포나루, 광나루, 여주 조포나루와 함

이포대교로 가는 길의 물억새

께 한강 4대 나루 중 한 곳이었으나 지금은 안내석 외에는 흔적도 없다. 이포(梨浦)는 배가 드나드는 갯가를 의미한다. 이포보의 전체적인 모습은 돛단배 모양의 이포보 전망대에 올라야 제대로 볼 수 있다. 이포보는 4대강 열여섯 개 보 중 가장 아름다운 보로 선정되었으며 비상하는 백로와 알을 형상화했다.

파사성이 자리한 파사산은 해발 230.4m로 야트막한 산이지만 파사성 보도현수교부터 제법 가파른 오르막 산길을 올라야 한다. 15분 정도 소요되는 산길에는

이포보 전망대와 이포보

① 파사성 보도현수교
② 여강길 표지기
③ 파사성 남문

'여강길'이라고 적힌 표지기가 중간중간 길을 안내한다. 여강은 여주를 지나는 남한강을 달리 부르는 이름으로 여강길은 총연장 140km, 열네 개의 코스가 있다. 이 책에서 소개하는 코스는 여강길 8코스, 일명 파사성길이다.

지그재그로 되어 있는 산길의 마지막 모퉁이를 돌아서면 남문이다. 파사성은 신라 파사왕 때 쌓은 것으로 전해지며 성의 둘레는 1.8km다. 남문과 동문이 있었던 것으로 확인되지만, 두 곳 다 성문의 문루는 남아 있지 않다. 남문의 아크릴 안내판이 대략적인 위치와 모습을 보여준다.

성곽을 따라 한 걸음씩 파사산 정상으로 향한다. 남문에서 북서쪽으로 오르던 성곽은 갑자기 북동쪽으로 꺾인다. 이곳에서 뒤돌아보면 고도가 높아지면서 확보된 시야 덕분에 이포대교와 이포보의 전경이 한눈에 들어온다. 특히 한 마리의 백로가 우아하게 날갯짓하는 이포보의 모습이 감탄을 자아낸다. 성곽 북동쪽을 오르면서는 뒤쪽으로 양평군 개군면과 그 뒤의 개군산을 S자로 휘돌아나가는 남한강이 보인다. 평화로운 강촌 마을 사이를 옥빛 물감으로 그린 듯하다. 정상 부근은 올라오면서 한쪽씩 보이던 이포대교와 양평군 개군면의 풍경이 양쪽으로 탁 트여 한눈에 담긴다. 유려한 곡선미를 뽐내는 남한강이 이곳에서 더 또렷하다.

1 파사산을 오르다 바라본 남한강
2 양평 상자포리 마애여래입상 3 느네마을 여강길 스탬프함

여강길은 정상에서 동문으로 이어지지만, 북쪽으로 5분 거리에 큰 바위의 앞면을 깎은 후 선으로 새긴 '양평 상자포리 마애여래입상'을 보기 위해 잠시 여강길을 벗어난다. 온화한 미소로 남한강을 바라보는 마애불을 대면한다. 마애불의 시선이 닿는 곳은 남한강 너머의 여주 금사면 외평리와 금사리다. 수채화 같은 강변 마을 풍경을 바라보고 파사성으로 되돌아온다.

파사성 동문을 지나 소나무가 가득한 숲길은 수호사까지 이어진다. 이후부터 신내천까지는 마을길과 논둑길이다. 신내천 제방에서 방금 걸어온 논길 뒤로 파사산이 보인다. 너무도 평범한 동네 뒷산이라 저곳에 남한강의 비경을 감상할 수 있는 산성이 있을 것이라고는 전혀 생각하지 못할 정도다. 신내천 제방길을 걷던 여강길 8코스는 어느 순간 신내천을 버리고 느네마을 쪽으로 90도 꺾인다. 산으로 둘러싸인 아늑한 느네마을에 여강길 스탬프함이 있다. 스탬프함을 지나 낙엽이 가득한 숲길을 잠시 오르면 출발지였던 당남리섬 자연학습장이 보인다.

거대 바위 절벽으로 이루어진 협곡의 위용

포천 벼룻길
-부소천 둘레길

이동 거리	8.8km
소요 시간	4시간
추천 시기	가을 > 봄

포천 한탄강 주상절리길 3코스인 벼룻길과 부소천 둘레길을 연계하는 코스다. 한탄강 세계지질공원 내의 지질 명소를 부담 없이 즐길 수 있다. 숲속에 있는 천혜의 비경으로 알려진 비둘기낭폭포와 '한국의 그랜드캐년'으로 불리는 멍우리협곡, 그리고 멍우리협곡과 비견될 만한 풍광을 보여주는 부소천협곡을 한번에 둘러본다. 특히 부소천협곡은 2022년에 개통된 따끈따끈한 곳으로 아름다운 풍경과 더불어 새로움까지 전한다.

주변 관광지(비둘기낭폭포 기준)
- 가람누리문화공원 +1.1km
- 산정호수 +11km

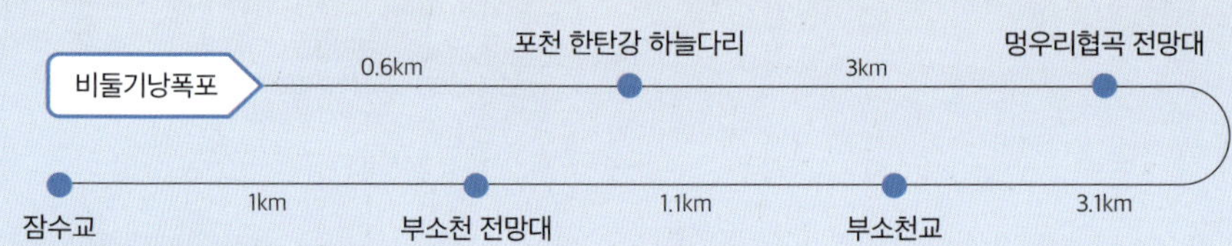

이동 방법

🚗 자동차

목적지: 비둘기낭폭포 주차장 전기차충전소
(경기 포천시 영북면 대회산리 409)

🚌 대중교통

포천시청 앞에서 53번 버스 승차 후 '유네스코세계지질공
원·비둘기낭'에서 하차한다.

추천 맛집

🍴 돼지천국

주소 경기 포천시 영북면 운천로 31
전화 0507-1385-8182

식당의 규모는 작은 생고기 맛집이다. 직접 재배한 채소와
함께 나오는 달걀찜도 좋다.

🍴 명가국밥

주소 경기 포천시 영북면 비둘기낭길 110 가동 1층
전화 0507-1491-1189

소머리국밥과 산채비빔밥, 그리고 수육을 전문으로 한다.
구수하고 담백한 사골국물이 좋다.

한탄강 세계지질공원 내에 있는 비둘기낭폭포는 우리에게 익숙한 영화와 드라마의 촬영 명소다. 〈선덕여왕〉, 〈추노〉, 〈최종병기 활〉, 〈킹덤〉 등을 이곳에서 촬영했다. 주차장 한쪽에 있는 비둘기낭폭포 이정표에서 1~2분만에 웅장하고 신비한 폭포를 만난다. 비둘기 둥지처럼 움푹 팬 모습으로 폭포 주

비둘기낭폭포

위를 감싼 현무암 주상절리 절벽과 옥빛을 띠는 폭포 아래의 깊은 웅덩이인 폭호가 반긴다. 폭호 옆에는 하식동굴이 발달해 있다. 영화와 드라마에서 보았던 장면이 떠오르면서 아름다움 이상의 감흥이 밀려온다. 비둘기낭이라는 이름은 이곳에 수백 마리의 멧비둘기가 서식했었고, 폭포 주위가 비둘기 둥지를 닮아 붙은 이름이다.

포천 한탄강 주상절리길 3코스인 벼룻길은 강가나 바닷가의 낭떠러지에 난 길을 의미하며, 비둘기낭폭포에서 시작한다. 시작하자마자 천혜의 비경에 감탄하는데 5분 거리에 있는 포천 한탄강 하늘다리에서 또 한번 감탄한다. 한탄강 수면 50m 위, 200m 길이의 다리 한가운데에 서면 한탄강의 협곡이 눈앞에 펼쳐지면서 협곡의 웅장함과 아찔함을 직접 체감하기 때문이다.

대회산교를 아래를 통과해 숲길을 지나면 한탄강 협곡 옆을 걸을 수 있는 데크를 만난다. 데크를 따라 높이 20~30m의 바위 절벽을 마주 보며 걸을 수 있다. 거대한 바위 절벽은 부소천까지 이어진다.

데크를 걷다 보면 반대편 바위 절벽 중간에 움푹 팬 작은 규모의 동굴을 찾을 수 있다. 하천에 의해 만들어진 하식동굴이다. 동굴이 있는 중간 부분이 과거 강물

바위 절벽의 하식동굴

이 흐르던 자리다. 오랜 세월 한탄강이 흐르면서 바닥을 깎아내리는 하방 침식 작용으로 인해 지금의 위치까지 내려갔다. 과거와 현재의 하천 높이는 상당히 큰 차이가 난다.

데크를 따라 작은 고개를 넘어서면 벼룻길 최고의 전망대인 멍우리협곡 전망대가 기다린다. 전망대는 한탄강 물길이 역 C자로 휘어나가는 지점에 있어 전망대 위 아래로 길게 늘어선 바위 절벽을 제대로 감상할 수 있다. 우리나라에서는 좀처럼 보기 힘든 풍경에 넋을 놓고 바라보게 된다. 전망대 맞은편 바위 절벽에는 현무암의 육각형 주상절리가, 전망대 쪽 바위 절벽에는 변성암이 힘을 받아 형성된 낙엽 모양의 줄무늬 '엽리'가 보인다. 같은 지점의 바위 절벽인데도 한탄강을 사이에 두고 다른 모양의 암석을 볼 수 있어 신기하다.

이후 벼룻교까지 이어지는 평탄한 숲길을 걷는다. 길 왼쪽으로 한탄강의 깎아

지른 절벽과 강물이 보이고, 오른쪽으로 밭
과 평야 지대가 펼쳐진다. 탐방로 좌우로 펼
쳐진 서로 다른 풍경을 감상하다 보면 금세
부소천교에 다다르며 벼룻길이 끝난다.

　　부소천교에서 잠수교까지 이어지는 구
간은 부소천 둘레길이다. 부소천은 우리에
게 잘 알려진 산정호수에서 발원하여 이곳
까지 흐르는 13.43km의 하천이다. 평범하기
그지없는 하천이지만, 가마소부터 부소천교
까지 이어지는 2km의 구간에서 멍우리협곡

과 대등할 정도로 웅장한 20~30m의 바위 절벽이 그 모습을 뽐낸다.
　　부소천 둘레길은 부소천협곡 옆으로 군부대가 자리해 출입이 통제되었었다.
2022년 3월 28일 군부대의 협조로 개통되었으나 둘레길을 걸을 때 주의 사항이 있
다. 군부대 쪽으로 사진이나 영상을 찍으면 안 되고, 아침 9시부터 저녁 5시까지만
출입할 수 있다. 부소천 둘레길을 계획할 때 통과 시간을 염두에 두고 시간 조절을
해야 한다. 둘레길 중간 지점에 있는 전망대에서는 수직에 가까운 협곡의 절벽과
절벽 밑에 발달한 하식동굴을 볼 수 있다. 가을철이면 단풍으로 물들어 환상적인
계곡미를 자랑한다.
　　잠수교를 건너면서 부소천 둘레길은 끝난다. 들머리로 돌아갈 때는 운천정류소
의 '영북면사무소' 정류장에서 10·53번 버스에 승차해 '유네스코세계지질공원·비
둘기낭'에서 하차한다. 택시를 이용하는 경우 잠수교 근처의 이마트24 앞에서 부르
는 것이 편하다.

겸재 정선도 반한 강줄기와 드넓은 들판의 조화

연천 연강나룻길 A코스

이동 거리	8km
소요 시간	3시간 30분
추천 시기	가을 > 봄

연천 임진강 개안마루 주위는 겸재 정선이 뱃놀이를 즐겼을 만큼 풍광이 아름답다. 개안마루 전망대로 가는 길에는 제주의 들녘을 샛노랗게 물들이는 유채꽃처럼 대규모 산 구릉지를 노랗게 물들이는 콩밭을 만난다. 서정적인 노랑 물결은 우리나라에서는 좀처럼 보기 힘든 장관을 연출한다. 콩밭을 지나 해발 205m의 옥녀봉에 오르면 임진강과 연천군의 들판을 한눈에 담아볼 수 있다.

🗺 **주변 관광지**
- 임진강댑싸리정원 +9.1km
- 전곡리 선사유적지 +13km

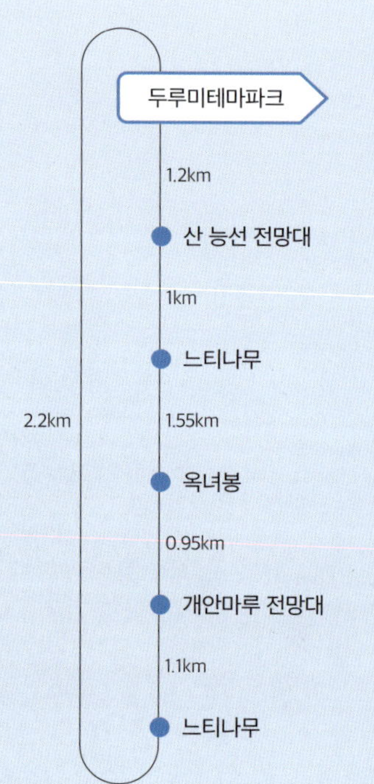

주의 사항

그늘이 없으므로 자외선을 막기 위한 선크림과 챙이 있는 모자를 준비하자.

이동 방법

🚗 자동차

목적지: 군남홍수조절지 두루미테마파크
(경기 연천군 군남면 선곡리 614-5)

🚌 대중교통

기차 연천역에서 나와 55·82-4번 버스에 승차한다. '선곡리회관' 하차 후 900m(도보 13분) 이동한다.

추천 맛집

🍲 군남면옥

주소 경기 연천군 군남면 군남로 413-6
전화 031-833-8131

30년이 넘는 군남면의 막국수 맛집이다. 찰진 메밀면과 닭고기를 오랜 시간 고아 만든 육수가 일품이다.

🍲 임진강언덕너머매운탕

주소 경기 연천군 군남면 솔너머길 43-21
전화 031-833-0447

얼큰한 국물과 담백한 맛이 좋은 매운탕 전문점이다. 직접 기른 농산물로 만든 밑반찬도 깔끔하고 좋다.

연천은 우리나라 두루미 월동지 중 한 곳으로 천연기념물인 두루미, 재두루미, 흑
두루미를 볼 수 있는 곳이다. 10월 중순에 날아와 다음 해 3월 중순에 중국 북동
부와 시베리아로 돌아간다. 코스의 들머리인 두루미테마파크 내에는 군남홍수조
절지 주변의 풍경을 한눈에 조망할 수 있는 전망대가 있다. 겨울철에는 두루미를
관찰할 수 있고, 다른 계절에는 임진강 변의 풍경을 바라볼 수 있어 트레킹 전후로
한 번쯤 방문해도 좋다.

탐방로를 걷다보면 대규모의 율무밭과 자주 마주치는데, 연천은 전국 율무 생
산량의 60%를 차지한다. 이 율무 낙곡은 연천 지역에서 겨울을 나는 두루미들에
게 좋은 먹이가 된다. 율무밭 뒤로는 임진강과 강변 습지가 보인다. 율무밭을 벗어
나며 데크 계단이 나오고, 계단을 올라서면 산 능선 전망대가 보인다. 왼쪽에는 임
진강이, 오른쪽에는 산 구릉 지대를 개간한 밭이 보인다. 밭에는 콩과 율무가 심겨
있고, 저 멀리 콩밭 뒤 산꼭대기에는 고개 숙여 인사하는 모습의 남자 조각상이 어
렴풋이 보인다. 조각상이 서 있는 옥녀봉이 코스의 반환점이다.

산 능선 전망대 전경

느티나무

옥녀봉의 〈그리팅맨〉

전망대에서 내려와 숲길을 빠져나오면 전망대에서 보았던 드넓은 산 구릉지 밭을 만난다. 대규모의 밭 한가운데에는 키 큰 느티나무가 홀로 서 있고 그 주변으로 콩밭과 율무밭이 번갈아 펼쳐진다. 구름다리를 지나 나오는 갈림길은 나중에 다시 합쳐진다. 갈 때는 오른쪽의 콩밭지대를 걷고, 되돌아올 때는 왼쪽 길로 와 개안마루 전망대를 들른다.

산 구릉지 밭지대는 5월에는 헐벗은 민둥 들판의 황토색이, 6월에는 새싹의 연초록이, 여름에는 율무꽃의 하얀색이, 가을에는 콩잎이 물든 노란색이 계절별로 장관을 이룬다. 노랗게 물든 콩밭 가운데 지그재그로 난 길은 청보리와 유채꽃으로 유명한 청산도의 서편제길만큼이나 아름답다.

해발 205m인 옥녀봉은 연천군 전 지역이 한눈에 들어오는 탁 트인 조망이 일품이다. 북쪽으로는 산맥이 휴전선을 향해 곧장 이어지며, 서쪽으로는 임진강이 푸르게 흐른다. 이곳에 높이 10m의 조각상 〈그리팅맨〉이 있다. 조각상은 사람이 15도 각도로 고개와 허리를 숙여 인사하는 모습으로 서로에 대한 배려, 존중, 평화를 의미한다.

되돌아가는 길에 개안마루 전망대로 향한다. 데크 전망대에 서면 임진강이 휘어져 나가는 풍경이 한눈에 들어온다. 개안(開眼)이라는 이름처럼 눈이 번쩍 뜨일 정도로 유려하게 흐르는 강줄기 풍경에 반해 넋을 놓고 한참을 머문다. 임진강 변 오른쪽에는 분홍빛으로 물든 댑싸리가 가을빛을 받아 곱게 빛난다. 댑싸리가 군락을 이룬 곳이 임진강댑싸리정원이다. 전망대와 정원 사이에 역 C자로 꺾이는 물길이 웅연(괴미소)이다. 전망대 한쪽에는 겸재 정선이 개안마루 인근의 웅연에서 뱃놀이를 즐기는 모습을 그린 〈웅연계람〉이 있다. 그림과 실제 풍경을 비교해 보는 것도 쏠쏠한 재밋거리다. 겸재 정선처럼 임진강의 푸른 아름다움에 도취된 채 내려오다 보면 어느새 들머리였던 두루미테마파크에 다다른다.

개안마루 전망대에서 바라본 임진강댑싸리정원과 웅연

PART
3
강원도 트레킹

철원 한탄강 주상절리길

이동 거리	3.6km
소요 시간	1시간 30분
추천 시기	가을 > 봄 > 여름

드르니 매표소에서 순담 매표소까지의 협곡 구간에는 우리나라 최고의 잔도가 있다. V자 협곡에 들어서는 순간 수직 절벽과 절벽 허공에 아찔하게 매달린 잔도의 모습을 확인할 수 있다. 30m 높이로 길게 늘어선 동주황벽은 현무암 주상절리로 이루어진 수직 절벽이다. 주상절리길 세 곳의 전망대에서는 수려한 계곡과 양쪽으로 늘어선 협곡을 감상할 수 있어 지루할 틈이 없다. 곳곳의 쉼터마다 이야기와 볼거리가 있어 이를 찾아보는 재미로 가득하다.

주변 관광지

- 고석정 +3.8km
- 삼부연폭포 +6.1km

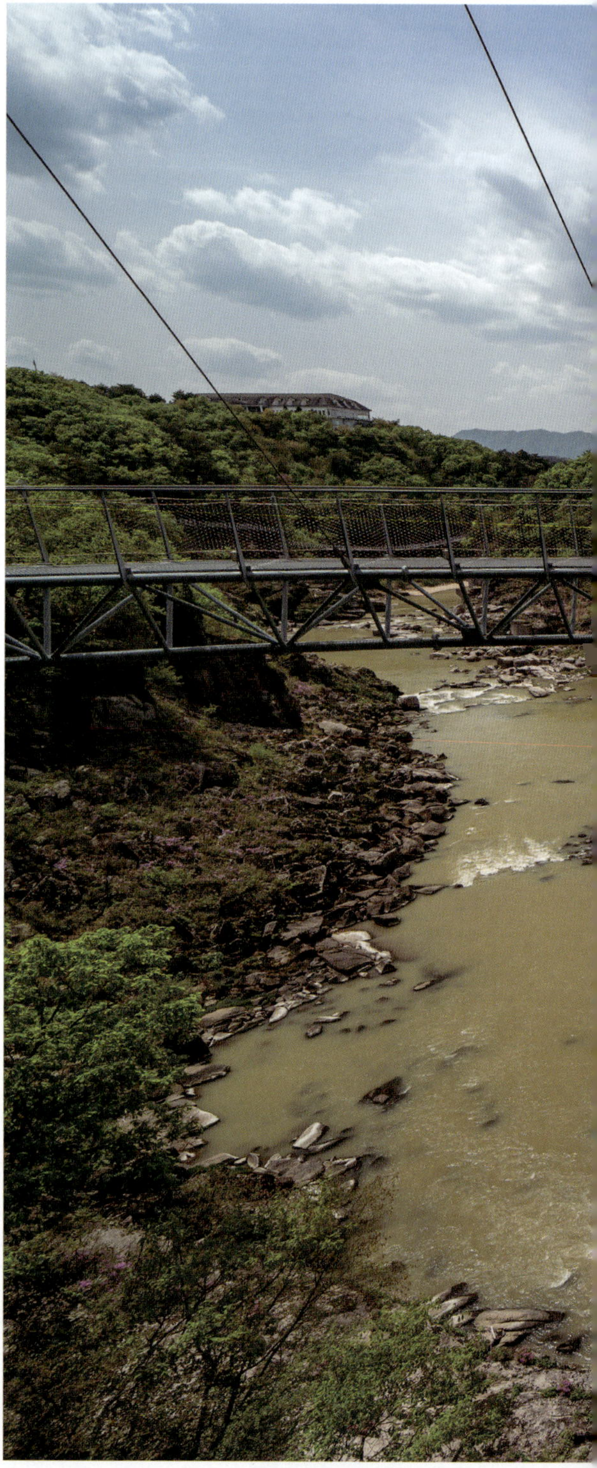

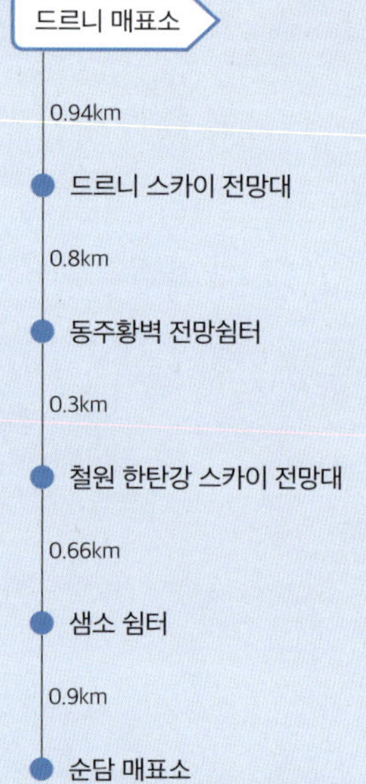

주의 사항

- 물 이외에 음식물을 가지고 들어갈 수 없다.
- 주말과 공휴일에 드르니 매표소에서 순담 매표소, 태봉대교까지 오가는 무료 셔틀버스를 운행한다. 첫차 오전 10시, 막차 오후 5시 40분이며, 주중에는 택시를 이용해 들머리로 되돌아간다.

이동 방법

🚗 자동차

목적지: 드르니 매표소

(강원 철원군 갈말읍 드르니길 119-27)

🚌 대중교통

신철원터미널에서 4km 또는 동송시외버스공용터미널에서 11km를 택시로 이동한다.

추천 맛집

주변에 음식점이 없어 갈말읍의 음식점을 소개한다.

🍲 맛나쌈밥

주소 강원 철원군 갈말읍 갈말로 654 나동 1층

전화 033-458-3204

철원오대쌀을 사용해 밥맛이 좋다. 정갈한 한식 쌈밥을 맛볼 수 있는 곳으로 생선쌈밥과 제육쌈밥 모두 맛있다.

🍲 철원막국수

주소 강원 철원군 갈말읍 명성로158번길 13

전화 0507-1374-2591

부드러운 편육과 투박한 메밀 맛이 일품인 막국수 전문점. 편육과 막국수는 함께 먹어야 더 맛있다.

철원 한탄강 드르니 매표소-순담 매표소 구간은 현무암과 화강암으로 이루어진 협곡이다. 수직 절벽과 주상절리, 기이한 바위가 가득한 계곡으로 그동안 접근이 쉽지 않았다. 이곳에 2021년 11월 19일, 수직 절벽을 따라 허공을 가로지르는 잔도가 생겼다. 철원군에서 총연장 3.6km, 폭 1.5m의 잔도인 '철원 한탄강 주상절리길'을 놓은 것이다. 게다가 이 구간은 양방향 진행이 가능하다. 고도차가 거의 없는 잔도로 어느 곳에서 먼저 시작해도 상관없지만 드르니 매표소가 주차장이 넓어 주차 걱정이 덜하므로 이곳에서 트레킹을 시작한다.

드르니 매표소를 통과하자마자 쉼터 겸 전망대인 드르니 쉼터가 나온다. 드르니는 '들르다'라는 뜻의 순우리말이다. 후삼국 시대 철원에 태봉국을 세웠던 궁예가 918년 왕건의 반란으로 쫓길 당시 들렀던 곳이라 붙은 이름이다. 한탄강 건너편의 깎아지른 절벽 지대를 보며 걷다 철원군의 상징인 학을 형상화한 드르니 스카이 전망대에 도착한다. 전망대에서 한탄강 건너편을 바라보면 특이하게도 왼쪽에는 현무암 수직 절벽이, 오른쪽에는 화강암 바위 지대가 보인다. 현무암과 화강암

드르니 스카이 전망대

① 한탄강 주상절리길 풍경 ② 동주황벽 전망쉼터에서 보이는 동주황벽

을 동시에 볼 수 있는 독특한 지질 구조다. 1억여 년 전 화강암 지대였던 이곳을 현무암 용암이 덮었고, 강물이 흐르면서 하천 바닥을 깊게 깎아 협곡이 형성되었다. 강물로 인해 현무암이 침식되자 그 기저에 있던 화강암이 모습을 드러내며 지금과 같은 풍경을 볼 수 있게 되었다.

화강암과 현무암이 어우러진 협곡 풍경은 걷는 내내 지루할 틈이 없다. 수시로 휴대폰을 꺼내 사진을 찍다 보면 동주황벽 전망쉼터에 도착한다. 쉼터 앞 높이 30m에 이르는 현무암 수직 절벽의 이름이 동주황벽이다. 철원의 옛 이름 '동주'와 황토색을 띠는 절벽의 모습에서 붙은 이름이다. 거대한 성벽같이 좌우로 길게 늘어선 절벽 중간중간에는 검은색 띠와 지름 3~4m 정도의 동굴 같은 구멍이 보인다. 동주황벽 벽면에는 단풍나무가 자리해 가을철 단풍 풍경이 아름답다.

동주황벽 전망쉼터를 뒤로하고 마치 허공을 걷는 기분이 드는 잔도를 따라 철원 한탄강 스카이 전망대로 발걸음을 옮긴다. 이 전망대는 강 쪽으로 길이 활처럼 휘어져 나 있어 전망대 끝에 다다르면 강 양쪽으로 서 있는 수직 절벽을 카메라에 담을 수 있다. 바닥이 유리라 미끄러운 편이니 안전에 유의하며 사진을 찍어야 한다.

이어서 나오는 샘소 쉼터에는 주상절리길 중 유일하게 화장실이 있다. 쉼터에서 휴식을 취한 뒤 순담계곡 방향으로 이동한다. 높이 솟은 기암 단애에 잔도가 아찔하게 걸려 있다. 아슬아슬한 잔도를 따라 커다란 바위 절벽을 통과하면 V자 협곡 사이로 거세게 흐르는 한탄강의 물살 소리가 우렁차게 들려온다. 한탄강(漢灘江)의 한(漢)에는 중국 한족, 한나라 외에도 은하수라는 뜻이 있다. 탄(灘)은 강이나 바다에서 바닥이 얕거나 폭이 좁아 물살이 빠르게 흐르는 여울을 말한다. 즉, 한탄강은 은하수처럼 넓고 큰 여울이 흐르는 강을 뜻한다. 하지만 6·25 한국 전쟁 당시 치열한 전투가 벌어졌던 곳이기도 해 한탄(恨歎)의 정서가 더 강하게 다가온다.

높고 길게 늘어선 수직 절벽에 매달린 아찔한 잔도를 걷다 보면 금세 순담 스카이 전망대에 도착한다. 수직 절벽에 철제 로프를 매달아 도넛 모양의 전망대를 설치했다. 전망대 중간에 서면 순담계곡에서 샘소 쉼터까지 길게 이어지는 협곡의 모습이 한눈에 보인다. 밑으로 구멍이 숭숭 뚫려 있어 거침없이 흘러가는 물살을 볼 수 있다. 이곳에서 5분 정도 더 걸으면 순담 매표소다. 주말과 공휴일에만 운행하는 무료 셔틀버스에 승차해 드르니 매표소로 돌아간다.

순담 스카이 전망대

한탄강 물위를 걷는 특별한 체험

철원 한탄강 물윗길

이동 거리	8km
소요 시간	3시간 30분
추천 시기	겨울

겨울에만 열리는 환상적인 트레킹 코스가 바로 철원 한탄강 물윗길이다. 물윗길 구간에는 송대소 일대의 주상절리 수직 절벽과 고석정 주변의 화강암 협곡 등 아름다운 풍경이 많다. 물위에 설치된 부교를 걸으며 한탄강 협곡의 비경을 가까이서 감상하는 특별한 경험을 할 수 있다. 얼음이 꽁꽁 어는 한겨울에는 강 위를 직접 걸을 수도 있다. 수직 절벽에서 떨어지는 물은 겨울철 빙벽으로 변해 색다른 풍경을 보여준다. 이색적인 겨울 풍경을 보고 싶다면 놓칠 수 없는 코스다.

🗺 **주변 관광지(태봉대교 기준)**
- 직탕폭포 +1km
- 철원역사문화공원 +10km

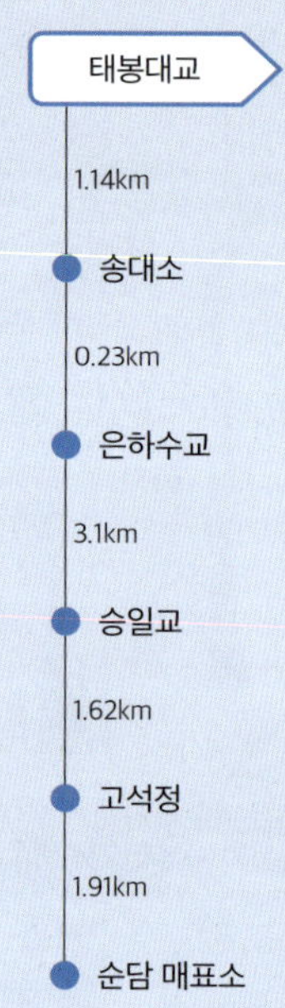

주의 사항

물윗길 설치 및 코스 조성은 날씨에 따라 변동이 심하다. 반드시 철원군청 홈페이지를 통해 개방 날짜를 확인해야 한다.

이동 방법

🚗 자동차

목적지: 태봉대교 주차장(직탕유원지 1공공주차장)
(강원 철원군 갈말읍 상사리 522-13)

🚌 대중교통

동송시외버스공용터미널에서 신철원(이평리)을 오가는 농어촌버스에 승차한다. '장흥3리' 하차 후 1.3km(도보 15분) 이동한다.

추천 맛집

주변에 음식점이 없다. 고석정 국민관광지 근처에서 식사를 해결하자.

🍴 오대오리

주소 강원도 철원군 동송읍 창동로 2413
전화 033-458-0052

오리 전문점으로 점심은 예약해야 기다림 없이 먹을 수 있다. 생오리로스와 오대오리정식이 맛있다.

🍴 임꺽정가든

주소 강원 철원군 동송읍 태봉로 1825-6
전화 0507-1379-3128

얼큰하고 시원한 국물에 민물새우를 넣어 깊고 풍부한 맛을 더했다. 국물과 어우러지는 쫄깃한 수제비도 별미다.

한탄강은 북한 지역인 강원도 평강군의 장암산에서 발원한 강이다. 강원도 철원군과 경기도 포천시, 연천군을 차례로 지나 임진강으로 흘러든다. 그중 태봉대교에서 시작해 순담계곡까지 이어지는 8km의 물윗길은 겨울철(12~3월)에만 열리고 가장 아름다운 협곡 풍경을 보여주는 송대소 일대와 고석정-순담계곡 구간에는 부교가 설치된다. 2.4km의 부교 덕분에 협곡 가운데를 걸으며 한탄강을 감상할 수 있다.

한탄강 물윗길은 태봉대교 매표소에서 매표한 뒤 시작된다. 30m 정도 길을 따라가면 태봉대교와 만나는데, 하얀 눈과 대비되어 다리가 더욱 붉게 보인다. 태봉대교를 지나 15여 분을 걸어 송대소 협곡 구간에 들어서자마자 감탄사가 절로 나온다. 좌우로 높이 30m의 수직 절벽이 길게 늘어서 있기 때문이다. 수억 년 전 현무암 용암이 흐르고, 이 현무암을 하천이 다시 깎으면서 생긴 절벽이다. 현무암 절벽에 결대로 떨어져 나간 주상절리들이 촘촘하다.

S자로 휘어지는 송대소 협곡을 빠져나오면 머리 위로 협곡을 가로지르는 은하수교가 보인다. 매표소에서 받은 입장 팔찌를 안내원에게 보여주면 송대소를 벗어나 은하수교를 걷고 다시 돌아올 수 있다. 송대소 주변의 부교는 은하수교에서 끝나고 이후 내대리 양수장까지는 한탄강 계곡 왼쪽 옆길

1 태봉대교와 물윗길
2 송대소 협곡을 지나는 물윗길
3 은하수교 위에 바라본 송대소 협곡

을 걷는다. 계곡 탐방로는 화강암으로 이루어진 바위 지대로 백여 명이 둘러앉을 수 있는 마당바위를 비롯한 기암들로 가득해 눈이 즐겁다. 이곳의 화강암 바위는 굉장히 독특한 모양으로 한탄강 유역에서만 볼 수 있다.

화강암 바위 지대를 통과하면 수십 미터의 빙벽과 눈 조각이 만들어진 승일교에 도착한다. 겨울철 인기 여행지인 승일교는 두 개의 아치형(무지개 모양)을 이루고 있다. 자세히 보면 아치마다 그 위에 있는 기둥의 모양이 서로 다른데, 한쪽은 1948년 북한에서 만들고, 다른 한쪽은 1952년 남한에서 만든 남북 합작 다리다.

섶다리를 지나 자갈밭을 통과하면 한탄강 중앙에 홀로 우뚝 솟은 기암을 만난다. 높이 10m의 고석(孤石)이다. 고석 위에는 소나무 대여섯 그루가 자라고 있다. 고석에서 약 20m 거리에 위치한 정자 이름이 고석정인데, 지금은 정자와 고석을 포함한 주변 계곡을 통틀어 고석정이라 부른다.

송대소에서와 마찬가지로 고석정에서도 입장 팔찌를 안내원에게 보여주면 고석정 밖으로 나갔다 들어올 수 있다. 물윗길에는 마땅한 휴식처와 편의점, 식당이 없으므로 간식거리와 점심은 고석정 국민관광지 내의 상가를 이용해야 한다.

점심을 먹고 물윗길을 이어 간다. 고석정에서 순담계곡 방향으로 V자 협곡이 펼쳐진다. 송대소 주변의 수직 절벽보다는 경사가 완만하지만, 화강암으로 이루어진 절벽이라 기암이 많다. 다양한 기암의 모습을 하나씩 살피며 걷다 보면 금세 450m에 이르는 부교가 끝난다.

1 승일교와 얼음 빙벽
2 고석정의 고석

이후 한탄강의 물살은 거칠어지고 빨라진다. 탐방로는 빠른 물살 옆으로 이어진 거친 돌길이다. 자연을 그대로 느낄 수 있어서 좋지만, 자칫 잘못하면 돌부리에 차이거나 넘어질 수 있으니 조심해야 한다. 거칠게 흐르던 물살이 고요해지며 다시 한번 화강암 협곡이 모습을 드러낸다. 협곡 구간은 250m로 길이는 고석정 주변보다 짧지만, 화강암 기암은 더 크고 멋지다. 부교가 설치되지 않았다면 절대로 볼 수 없는 비경이다.

협곡을 다 걸으면 저 멀리 한탄강 주상절리길이라고 적힌 글자가 보인다. 한탄강 물윗길의 날머리이자 앞서 한탄강 주상절리길의 날머리로도 소개한 순담 매표소다. 매표소로 올라가면 셔틀버스 정류장이 있다. 입장 팔찌를 보여준 뒤 무료 셔틀버스를 타고 태봉대교까지 돌아간다.

순담계곡을 통과하는 물윗길

바위 협곡을 지나 펼쳐지는 시원한 의암호 풍경

춘천 삼악산

이동 거리	8.4km
소요 시간	4시간
추천 시기	가을 > 봄

의암호와 춘천의 아름다운 풍경을 한눈에 조망할 수 있는 곳이 삼악산 전망대고, 이곳으로 가는 가장 좋은 길이 바로 등선폭포를 지나는 코스다. 우리나라에서는 보기 힘든 수십 미터의 수직 절벽 협곡을 지나 나오는 등선계곡에는 기기묘묘한 바위와 다양한 폭포가 즐비해 선경의 세계에 들어온 듯한 착각을 불러일으킨다. 이후 최고의 전망대에서 의암호를 바라보며 하산하는 길은 마치 바위와 소나무가 호수와 어우러진 한 폭의 동양화 같다.

- 강촌유원지 +2.5km
- 춘천 삼악산 호수케이블카 +9.3km

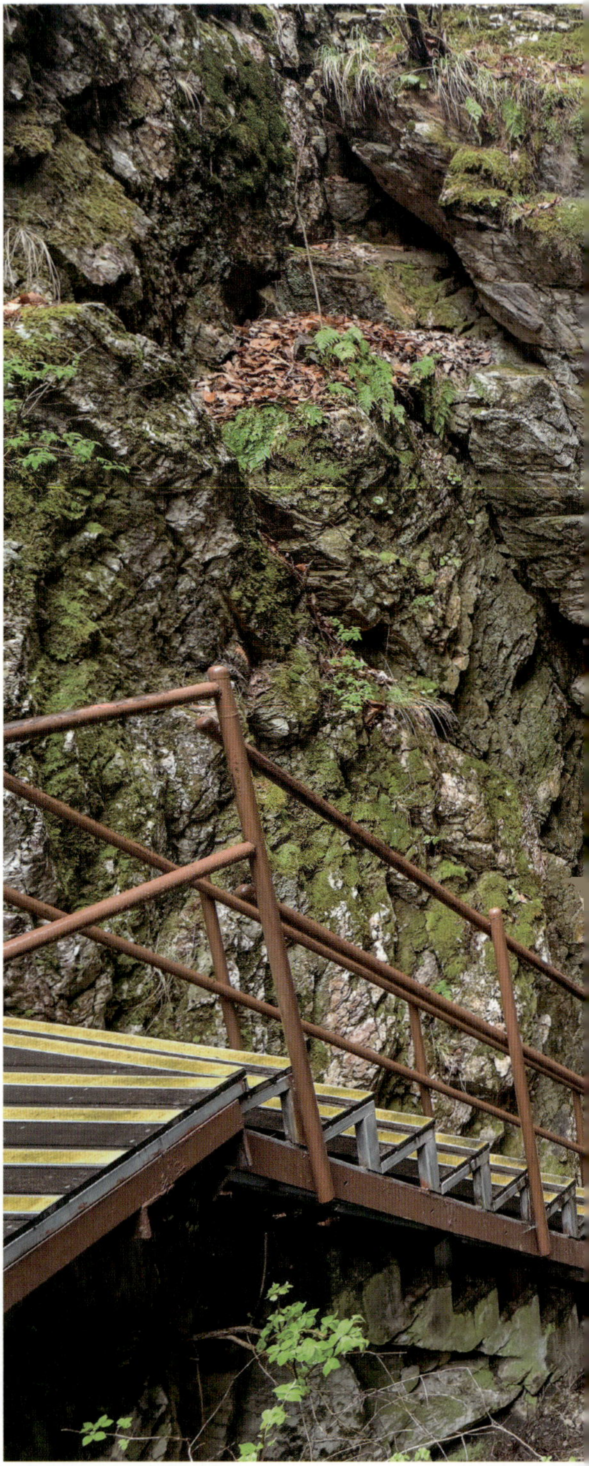

주의 사항

삼악산 전망대-의암 매표소 구간은 암릉이라 반드시 밑창이 미끄럽지 않은 등산화를 신어야 한다.

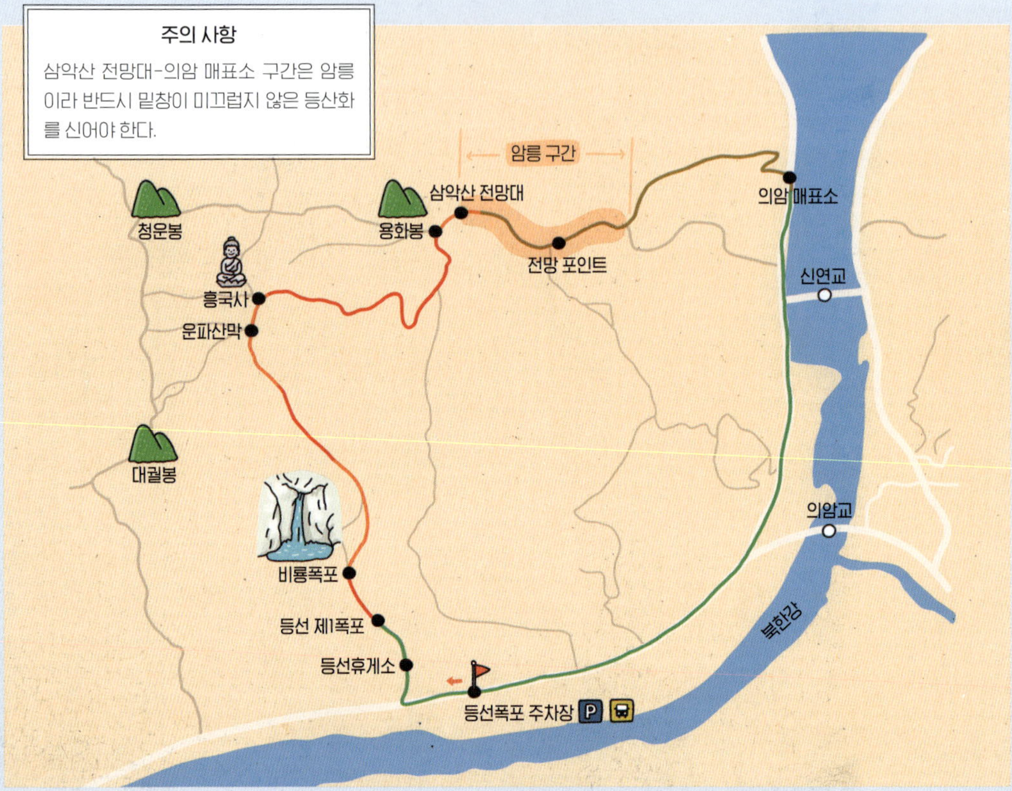

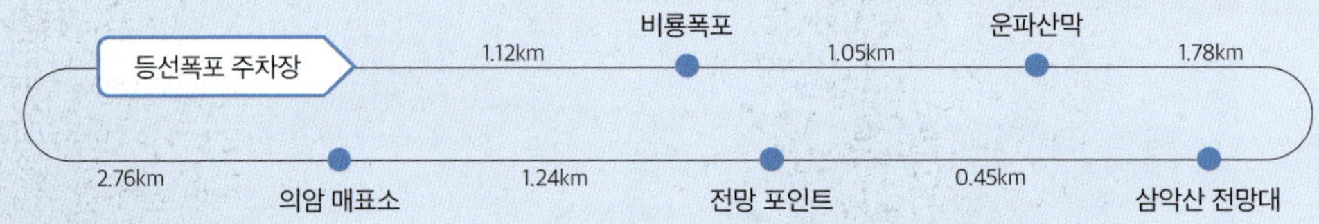

암릉 구간
삼악산 전망대
의암 매표소
청운봉
용화봉
전망 포인트
신연교
흥국사
운파산막
대궐봉
의암교
비룡폭포
북한강
등선 제1폭포
등선휴게소
등선폭포 주차장

등선폭포 주차장
1.12km
비룡폭포
1.05km
운파산막
1.78km
삼악산 전망대
0.45km
전망 포인트
1.24km
의암 매표소
2.76km

이동 방법

자동차

목적지: 등선폭포 주차장
(강원 춘천시 서면 덕두원리 115-1)

대중교통

춘천시외버스터미널에서 남산5·남면3·7번 버스 승차 후 '등선폭포'에서 하차한다.

추천 맛집

등선식당

주소 강원 춘천시 서면 경춘로 1401-22
전화 033-261-1443

산채비빔밥과 송어회가 좋다. 콩가루를 넣은 야채무침이 더해지면 송어회는 별미 중의 별미다.

의암닭갈비

주소 강원 춘천시 경춘로 1513
전화 033-262-3004

부드러운 닭고기와 자극적이지 않은 양념의 조화가 좋은 닭갈비 맛집이다. 야외석도 있다.

등선폭포 주차장에서 120m 정도 떨어진 등선폭포 입구로 들어가 매표소를 지나면 거대한 바위산이 앞을 가로막는다. 탐방로는 바위산 바로 앞에 있는 등선휴게소 아래로 나 있다. 입구를 통과하자마자 거대한 협곡의 위용에 저절로 감탄사가 나온다. 양옆으로 수십 미터의 깎아지른 바위 절벽이 하늘 높이 솟아 있고 길은 오른쪽 바위에 바짝 붙

등선휴게소와 아래 등선폭포 입구

어 이어진다. 이 협곡을 금강굴이라 부르는데, 협곡을 '굴'이라고 표현한 것이 낯설다. 하지만 좁고 깊은 협곡 안에 들어서면 마치 동굴에 들어온 느낌이라 금세 왜 금강굴이라고 하는지 알 수 있다.

금강굴 협곡 끝 지점에 높이 10m의 등선 제1폭포가 있다. 큰 규모의 폭포지만 수십 미터의 절벽으로 둘러싸여 상대적으로 작아 보인다. 등선계곡을 오르는 내내

금강굴

등선 제1폭포

① 비룡폭포
② 협곡길
③ 주렴폭포

기암과 아름다운 폭포가 즐비하다. 승학폭포, 백련폭포, 옥녀담을 지나 다시 한번 협곡을 만난다. 금강굴에는 한참 못 미치는 협곡이지만 웅장함이 느껴진다. 이곳에는 움푹 팬 소가 인상적인 비룡폭포가 있으며 그 위로 올라가면 옥구슬 모양의 주렴폭포가 아름다운 자태를 뽐낸다.

이후부터 등선계곡은 갑자기 순탄한 산책로로 바뀐다. 계곡 상류로 올라가면서 계곡 입구의 협곡은 사라지고 작은 분지가 나타난다. 분지 주위로 용화봉, 청운봉, 등선봉 자락의 대궐봉이 삼각형을 그리며 흥국사와 운파산막을 감싼다. 세 봉우리에 둘러싸인 운파산막과 흥국사는 천혜의 요새 같은 지형에 자리한다.

막걸리, 커피, 꿀차 등을 파는 운파산막의 주인장은 운파 성량수 선생이다. 1986년부터 2006년까지 오대산국립공원 노인봉 산장에서 산장지기로 있었기 때문에 산꾼 사이에서 잘 알려진 분이다. 산막 테이블에 잠시 앉아 성량수 선생이 직접 양봉한 꿀로 만든 꿀차를 마시며 그분의 산행 이야기를 듣다 보면 어느새 시간이 훌쩍 지나간다.

암릉 구간의 전망 포인트

　가파른 데크 계단을 지나 초원 지대를 거치고, 333돌계단을 오르는 힘겨운 길이 계속된다. 오르막의 끝에는 삼악산 정상인 용화봉이 있다. 용화봉은 주위의 나뭇가지로 인해 전망이 좋지 않은 편이라 바로 삼악산 전망대로 이동한다. 전망대에 서면 푸르른 의암호와 그 위에 떠 있는 붕어섬과 레고랜드, 그 뒤로 춘천 시내가 한눈에 보인다. 전망대 앞쪽으로 펼쳐진 암릉을 따라 의암 매표소까지 이동한다. 이 구간은 거친 암릉과 더불어 가파름이 심하다. 쇠밧줄 외에는 안전시설이 없는 구간이 많으므로 안전에 유의하며 조심히 가야 한다. 눈이 쌓인 겨울에는 아이젠을 하더라도 미끄러우니 겨울철에는 이 코스를 피하는 것이 좋다.

　거친 바위 구간을 내려오다 보면 중간중간 의암호와 그 뒤의 바위 봉우리인 의암봉이 한눈에 내려다보인다. 바위 구간이라 힘은 들지만, 의암호의 아름다운 풍경이 고됨을 보상해 준다. 조심조심 의암 매표소로 내려와 유유히 흐르는 북한강을 따라가면 등선폭포 주차장에 도착한다.

삼악산 전망대 전경

화려한 단풍 위로 솟은 웅장한 바위 능선

인제 설악산 봉정암

이동 거리	21.2km
소요 시간	8시간 30분
추천 시기	가을 > 봄

백담사에서 봉정암까지 이어지는 계곡에는 옥빛 계곡물과 아름다운 폭포, 크고 작은 소(沼)와 담(潭)이 즐비하다. 가을이면 붉게 물든 단풍이 폭포, 소, 담과 어우러져 우리나라 최고의 계곡 풍경을 보여준다. 수려하고 화려한 계곡 단풍 끝에 자리한 봉정암 오층석탑에 서면 설악산을 대표하는 능선인 용아장성과 공룡능선을 한눈에 조망할 수 있다. 설악산 최고의 전망대로 이 장엄하고 웅장한 풍경은 편도 4~5시간 동안 쌓인 산행의 피로를 한 번에 날릴 만큼 감동적이다.

🗺 **주변 관광지**

• 매바위 인공폭포 +4.4km
• 국립용대자연휴양림 +5.8km

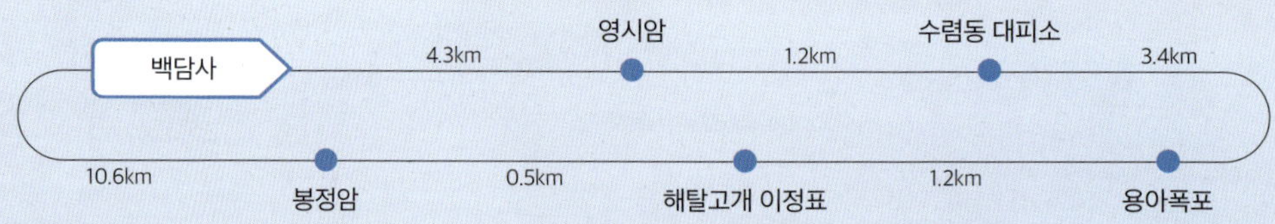

주의 사항

- 백담사 주차장부터 백담사까지의 구간은 차량 통제 구간이라 셔틀버스를 이용해야 한다. 셔틀버스 운행 여부와 시간은 수시로 바뀌니 용대향토기업(gidxh3009.tistory.com)에서 미리 확인한다. 단풍철에는 백담사 주차장에서 아침 6시에 첫차가 출발한다.
- 봄, 가을에는 아침저녁으로 날씨가 쌀쌀해 보온용 의류나 액세서리를 준비한다. 산속이라 오후 5시면 해가 떨어지니 랜턴도 꼭 챙기자.

이동 방법

🚗 자동차

목적지: 백담사 주차장

(강원 인제군 북면 백담로 96)

🚌 대중교통

인제터미널에서 백담사행 시외버스 승차 후 '백담주차장'에서 하차한다.

추천 맛집

백담황태사랑

주소 강원 인제군 북면 백담로 107

전화 033-462-3655

시원한 황태해장국을 비롯해 황태구이와 더덕구이정식이 맛있다. 주차장도 넓다.

백담시골밥상

주소 강원 인제군 북면 백담로 69

전화 0507-1419-2281

여러 종류의 나물이 나오는 산채정식 맛집이다. 산채정식은 2인 이상 주문 가능하다.

백담사 주차장을 출발한 셔틀버스가 백담
사에 도착하자마자 곧바로 영시암을 향해
출발한다. 백담사에서 봉정암까지 다녀오
려면 8~9시간 정도 소요되니 조금 서두르
는 편이 좋다. 영시암에는 샘물과 요사채(승
려들이 거처하는 집) 툇마루가 있어 잠시 쉬
면서 물 한 모금 마시고, 아침에 두툼하게
입었던 웃옷을 벗어 배낭에 넣는다. 영시암
에서 10분 정도 오르면 영시암 삼거리다.
왼쪽은 오세암, 오른쪽은 수렴동 대피소로
이어지는 갈림길이다. 수렴동 대피소 쪽으
로 진행해 옥빛 계곡물과 그 위로 붉게 물
든 단풍이 대비를 이루는 수렴동계곡을 지
난다.

① 수렴동계곡 ② 계곡길 ③ 용아폭포

　수렴동 대피소부터 봉정암까지 이어지
는 계곡은 구곡담계곡이다. 수없이 많은 무
명의 소(沼)와 담(潭)의 물길이 눈을 즐겁게
한다. 갈 길은 먼데 울긋불긋 화려하게 물
든 단풍과 물웅덩이 위로 비치는 가을 햇살이 이 풍경을 더욱 소중하게 만든다.
　봉정암에 오르면서 구곡담계곡 왼쪽으로 조금씩 모습을 보이던 바위 능선은
용아폭포 앞에서 그 위용을 드러낸다. 용아장성(龍牙長城)의 시원한 등장이다. 앞
으로는 거세고 하얀 바위의 결을 따라 거침없이 흘러내리는 용아폭포가, 뒤로는 성
벽 같은 바위 봉우리가 우뚝 서 있다. 능선에서 볼 때는 용의 이빨처럼 날카로운
바위 봉우리가 줄지어 서 있는 모습인데, 이곳에서 바라보면 거대한 자연 성벽이다.

다리 뒤로 보이는 용아장성

용아폭포를 구경하고, 폭포 옆 계단을 따라 위쪽으로 올라서면 구곡담계곡의 하이라이트인 쌍용폭포가 나온다. 구곡담계곡 상류에서 흘러내리는 폭포와 쌍용폭포 골에서 흘러내리는 폭포가 Y자 모양으로 떨어진다. 좌폭은 22m, 우폭은 46m 규모로 이름 그대로 두 마리의 거대한 용이 승천하는 모습이다.

계곡 끝 지점에 다다르면 '봉정암 0.5km, 백담사 10.1km'라고 적힌 이정표가 나온다. 이곳이 급경사가 이어지는 해탈고개의 시작점이다. 이름처럼 해탈의 경지에 도달할 것만 같은 가파른 길이다. 급경사의 고개를 다 오르면 200m의 평탄한 숲길이 봉정암(1,224m)까지 안내한다.

봉정암 서쪽 언덕, 용아장성이라는 수려한 바위 능선이 시작되는 곳에는 오층석탑이 자리한다. 이 탑 안에 신라 시대의 승려 자장율사가 당나라에서 가져온 부처님의 진신사리가 모셔져 있다. 오층석탑을 뒤로하고 20m를 더 오르면 설악산 최고의 조망처가 맞이한다. 조망처에 서면 왼쪽으로는 날카로운 바위 봉우리가 모인

봉정암 오층석탑 뒤에서 바라본 용아장성

용아장성이, 오른쪽으로는 우람한 공룡능선이 펼쳐진다. 오층석탑과 설악을 대표하는 바위 능선이 어우러져 장엄하면서도 웅장한 자태를 뽐낸다. 빼어난 풍경에 넋을 놓고 한참을 바라본다.

용아장성의 끄트머리에는 오세암이 보인다. 만해 한용운과 김시습이 머물렀던 암자다. 반대편으로는 봉정암이 내려다보이고 봉정암 뒤로 소청 대피소와 소청봉, 그 뒤로 중청봉이 손에 잡힐 듯 가깝게 펼쳐진다.

하산은 왔던 길로 되돌아가는 것이 좋다. 오세암을 거쳐 영시암 삼거리로 내려갈 수 있으나, 봉정암에서 오세암까지 가는 길은 오르막 내리막이 여러 번 반복되어 체력 소모가 크다. 길을 되돌아가며 가을 오후 햇살이 내려앉은 계곡 단풍과 반짝이는 윤슬의 아름다움을 감상한다. 아침에 급하게 출발하느라 방문하지 못했던 백담사를 잠시 둘러본 뒤 주차장으로 가는 셔틀버스를 기다리며 길고 긴 봉정암 트레킹을 마무리한다.

기암과 폭포가 어우러진 보물 같은 계곡길

양양 설악산
흘림골–주전골

이동 거리	6.5km
소요 시간	3시간 30분
추천 시기	가을 > 봄

주전골과 2022년 9월 재개방된 흘림골은 남설
악 최고의 단풍 코스다. 흘림골은 서북 능선과 동
해를 한눈에 조망할 수 있는 전망대, 그리고 열두
개의 폭포가 흐르는 기암절벽까지 숨겨진 보물을
품고 있다. 주전골은 계곡 좌우로 자리한 기암들
과 용소폭포, 그 주변의 풍경까지 길 위의 모든 풍
경이 아름답기 그지없다. 흘림골–주전골은 다른
설악산 코스에 비해 시간은 짧지만, 설악산의 바
위 절경과 계곡미를 제대로 맛볼 수 있는 핵심 구
간이다.

🗺 **주변 관광지**

• 낙산사 +23km

• 하조대 전망대 +31km

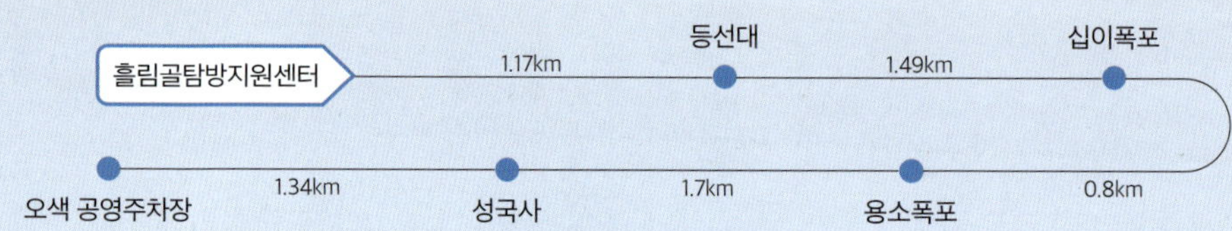

이동 방법

🚗 자동차

목적지: 오색 공영주차장

(강원 양양군 서면 오색리 421-1)

※오색 공영주차장에 주차 후 택시로 4.8km 이동한다.

🚌 대중교통

양양종합여객터미널에서 1번 버스에 승차한다. '오색(오색그린야드호텔 방면)' 하차 후 택시로 4.8km 이동한다.

추천 맛집

🍴 한계령에서

주소 강원 양양군 서면 대청봉길 58-37

전화 033-672-0621

산채비빔밥에 기본적으로 나오는 된장찌개가 구수하다. 강판에 갈아 만든 감자전도 별미다.

🍴 토박이식당

주소 강원 양양군 서면 약수길 29

전화 033-673-9923

깔끔한 밑반찬과 향이 좋은 산채비빔밥이 맛있다. 밑반찬으로 나오는 동치미 국물과 조합이 좋다.

흘림골-주전골은 수많은 설악산 단풍 코스 중 비교적 부담 없이 걸으며 설악산 단풍의 진수를 맛볼 수 있는 코스다. 흘림골탐방지원센터에서 등선대까지만 오르면 그다음부터는 내리막을 따라 단풍 구경을 할 수 있다.

숲이 짙고 깊어서 늘 안개가 끼고 날씨가 흐려 붙은 이름인 흘림골답게 탐방로로 들어서자 원시림 그대로의 짙은 숲이 반긴다. 10여 분을 오르자 오른쪽으로 칠형제봉의 거대한 바위 봉우리가 보이기 시작한다. 설악산에 들어왔음을 실감한다. 20m 높이의 여심폭포는 탐방로에서 폭포의 전체적인 윤곽을 담을 수 없어 아쉽다. 여심폭포부터 등선대로 향하는 삼거리까지는 매우 심한 급경사다. 급경사다 보니 서너 걸음마다 잠시 쉬기를 반복한다. 삼거리에 도착하면 곧바로 등선대로 향하자. 중간에 비좁은 길이 서너 곳 있어 정체되기도 하므로 서둘러 가는 것이 좋다.

등선대는 산중에 우뚝 솟은 바위 봉우리다. 이 봉우리 위에 서면 사방팔방이 탁 트인 360도 파노라마 뷰를 볼 수 있다. 특히나 서북쪽 풍경이 압권이다. 전망대 아래로는 바위 봉우리인 칠형제봉이 뾰족뾰족하게 서 있고, 그 뒤로 44번 국도가 꼬불꼬불하게 한계령휴게소까지 이어진다. 휴게소 뒤로 귀때기청봉과 안산 등 설악산 서북 능선이 웅장하게 펼쳐진다.

등선대부터 등선폭포까지 이어지는 구간은 내리막이다. 일부 구간에는 바위에 바짝 붙어 지나야 하는데 낙석 사고를 예방하기 위해 탐방로 위로 철조망을 설치했다. 낙석 위험 구간을 내려오면 높이 30m에 이

① 칠형제봉
② 등선대에서 바라본 서북쪽 방향

르는 등선폭포가 반긴다. 수량이 없어 폭포의 위용을 드러내지 못할 때가 있어 아쉽다. 주전폭포를 지나 고개를 넘으면 십이폭포가 기다린다. 십이폭포는 열두 개의 폭포가 이어진 곳인데 상단 열 개의 작은 폭포는 탐방로를 벗어나 잘 보이지 않는다. 하단 두 개의 폭포 주위는 우뚝 솟은 기암 바위가 삼면을 감싸고 있어 거대한 바위 웅덩이 안에 들어와 있는 기분이 든다.

1 등선폭포
2 용소폭포
3 주전바위

용소 삼거리에 도착하면 흘림골 탐방은 끝난다. 용소 삼거리부터 주차장이 있는 설악산국립공원 오색지구까지는 2.7km로 용소폭포 코스의 일부이자 주전골로 불린다. 용소폭포 코스는 예약 없이 탐방할 수 있다.

용소 삼거리 지척에 용소폭포가 있다. 맑고 하얀 폭포수가 붉은 암반 위를 흘러 커다란 웅덩이로 떨어지는 모습이 장관이다. 웅덩이에는 옥색 물빛이 가득하다. 용소폭포를 조망하는 무지개다리 인근에는 시루떡을 층층이 쌓아 올린 듯한 바위가 있다. 동전을 차곡차곡 쌓은 것처럼 보여 '주전(鑄錢)바위'로도 불린다. 이 계곡이 주전골로 불리는 첫 번째 이유이기도 하다. 옛날 주전골 동굴에서 십여 명의 도둑 무리가 위조 엽전을 만들었다 하여 주전골이라는 설도 있다.

용소 삼거리로 되돌아와 오색 공영주

가운데 바위 봉우리가 독주암

차장 쪽으로 하산한다. 이곳에서 200~250m 정도 걷다 다리를 건너면 넓은 바위를 만난다. 이 바위에 서서 건너온 다리를 바라보면 다리 위로 기기묘묘한 바위들이 각자의 수려함을 뽐내고 있다. 이후 이어지는 주전골 탐방로는 잘 정비되어 걷기 편하고, 길의 좌우로 펼쳐진 바위 봉우리가 성국사까지 이어진다. 넓은 소를 이룬 선녀탕을 지나면 수많은 바위 봉우리 중 가장 날렵하고 우뚝 솟은 독주암이 주전골을 빠져나가는 탐방객에게 마지막 인사를 건넨다.

보물로 지정된 양양 오색리 삼층석탑이 있는 성국사를 지나 500m를 걸으면 오색약수다. 1500년경 성국사의 승려가 발견한 약수로 발견 당시 성국사 뒤뜰에서 자라던 '오색화(五色花)'에서 따와 오색약수로 명명했다. 나트륨과 철분이 함유된 약수는 쌉싸래한 맛이 난다. 약수가 조금씩 나오기 때문에 맛을 보려면 한참을 기다려야 한다. 오랜 기다림 끝에 오색약수를 맛보고 공영주차장으로 돌아간다.

겨울에 더 아름다워지는 이국적인 목장 경치

평창 선자령

이동 거리	11.88km
소요 시간	4시간
추천 시기	겨울 > 봄 > 가을

선자령은 눈꽃과 상고대가 아름다운 겨울철 인기 산행지다. 일교차가 크고 한랭 다습해 겨울철에 눈이 많이 내린다. 해발 1,157m로 백두대간의 주 능선에 솟아 있는데, 해발 고도 840m에서 출발하고 등산로도 완만해 부담 없이 눈꽃 트레킹을 즐길 수 있다. 산책하듯 걸으며 만나는 눈꽃과 상고대, 대관령의 목장과 풍력 발전기가 만들어내는 이국적인 풍경은 선자령의 백미다. 여기에 파란 하늘과 맞닿은 동해까지 선명히 본다면 행운이 아닐 수 없다.

🗺 **주변 관광지**
- 대관령 양떼목장 +0.35km
- 대관령 하늘목장 +11.8km

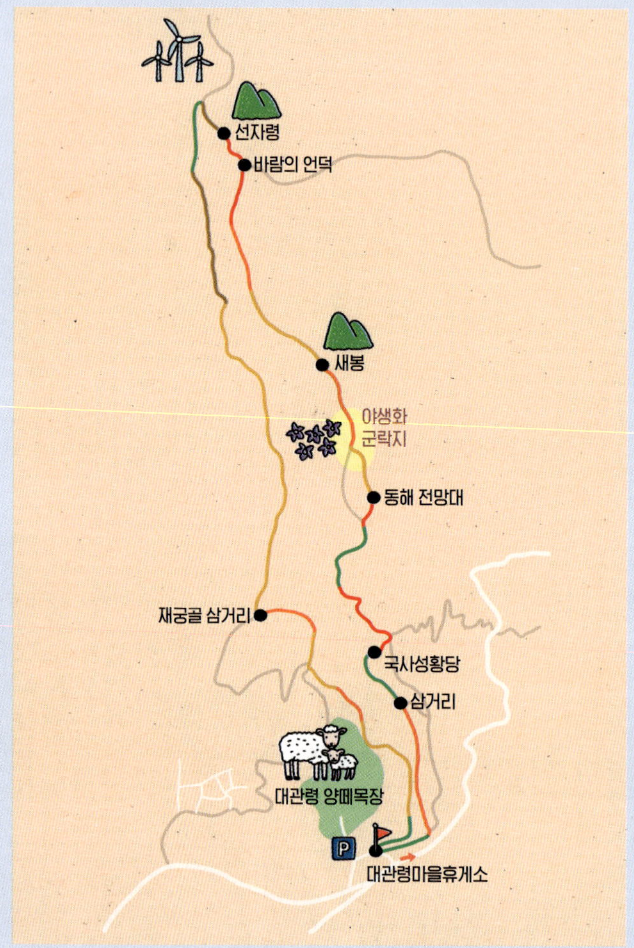

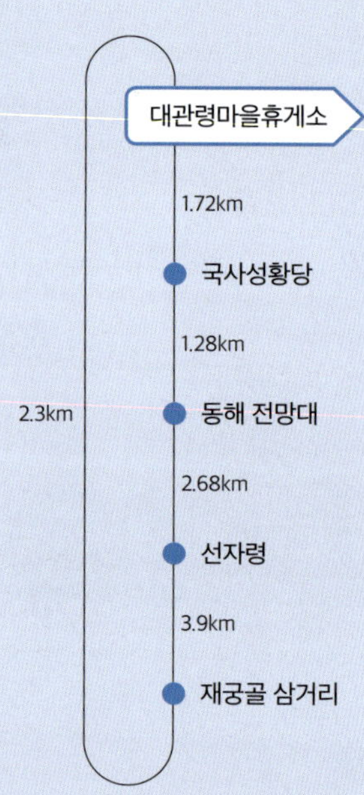

> **주의 사항**
>
> 선자령 정상 부근은 바람이 강해 기온이 급격하게 떨어지므로 사계절 내내 방한 옷을 준비해야 한다. 겨울철에는 아이젠이 필수다.

이동 방법

🚗 자동차

목적지: 대관령마을휴게소
(강원 평창군 대관령면 경강로 5721)

🚌 대중교통

횡계시외버스터미널에서 택시로 5.5km 이동한다.

추천 맛집

🍴 시래기밥상

주소 강원 평창군 대관령면 횡계길 15
전화 033-335-5895

시래기된장국, 시래기고등어조림, 시래기돌솥비빔밥 등 횡계산 시래기를 이용한 음식이 별미다.

🍴 창대식당

주소 강원 평창군 대관령면 횡계길 11
전화 033-335-9898

강원도 감자로 만든 감자전과 옹심이를 맛볼 수 있다. 두 메뉴 모두 쫀득쫀득한 식감이 좋다.

선자령으로 가는 초반 길은 시멘트 임도다. 갈림길에서 왼쪽의 평탄하고 빠른 지름길을 따라 국사성황당을 거치고, KT 통신중계소를 지나 국가숲길 안내도까지 가면 임도는 끝나고 본격적인 산길이 시작된다. 산길 입구는 독일 가문비나무의 한국 수종인 종비나무가 숲을 이룬다. 한겨울 상록 침엽수의 푸른 잎 위에 소복이 올라앉은 하얀 눈의 선명한 색의 대비를 보고 있노라면 겨울 왕국이 따로 없다.

종비나무 숲길을 통과해 10분 정도 걷다 보면 제법 높은 봉우리가 보이면서 갈림길이 나온다. 직진은 앞쪽의 봉우리를 오르고, 왼쪽은 봉우리를 우회하는 길이다. 봉우리 정상에는 동해와 강릉시의 모습이 한눈에 들어오는 동해 전망대가 있어 힘들지만 올라갈 만한 가치가 있다. 전망대를 지나서부터는 야생화 군락지가 펼쳐진다. 고원의 척박한 환경이 피워낸 야생화의 그윽하고 진득한 색감은 봄과 여름에 흐드러진다. 물푸레나무가 우거진 숲을 통과하면 겨울철에 작은 묘목을 통발로 감싼 모습을 볼 수 있다. 눈이 많고 바람이 강한 선자령과 대관령 일대의 특수조림지에서 나무를 가꾸는 독특한 방법이다.

특수조림지부터 하늘이 열리면서 전망이 확 트인다. 불어오는 강한 바람과 광활한 목장 초지 위에 자리한 수십 기의 하얀 풍력 발전기, 그 뒤로 보이는 대관령 하늘목장의 평원, 더 뒤로 보이는 산 그리메(그림자)가 한 폭의 그림이다. 과거 백패킹의 성지였던 바람의 언덕은 현재 자연 보호를 위해 캠핑을 엄격히 금지한다. 바람의 언덕을 지나 정상에 서면, '백두대간 선자령'이라

1 대관령마을휴게소에서 대관령 국가숲길 안내도까지 이어지는 시멘트 임도
2 대관령 국가숲길 안내도

동해 전망대의 강릉 쪽 전경

선자령 정상석

적힌 위풍당당한 정상석을 만난다. 백두대간은 백두산에서 시작해 지리산까지 이어지는 한반도의 가장 크고 긴 산줄기로 선자령은 이 백두대간의 중심에 위치한다. 높은 평원에 있는 지형이라 정상에 서면 동해와 백두대간의 산줄기가 한눈에 보인다. 그중에서도 최고의 풍경은 푸른 동해와 파란 하늘을 배경으로 선자령 북쪽으로 끝없이 펼쳐진 능선과 그 능선 위에 줄줄이 빼곡하게 서 있는 풍력 발전기의 모습이다. 그러나 이 모습은 선자령 정상이 아닌, 정상석에서 북쪽으로 100m 정도 나아간 곳에서 볼 수 있다. 선자령 정상석 인증 사진을 찍고 곧바로 내려갈 경우, 바로 눈앞에 있는 선자령 최

바람의 언덕에서 보이는 풍경

고의 전망 포인트를 놓칠 수 있으니 이 지점을 꼭 기억해 두자.

전망 포인트에서 임도까지 내려가는 길은 심한 급경사다. 눈이 쌓여 있을 때는 아이젠을 꼭 착용하는 것이 좋다. 잘 가꾸어진 침엽수림 숲길을 걷다 보면, 재궁골 삼거리에 다다른다. 이곳에서 직진하면 횡계3리 마을회관으로 내려가니 이정표를 잘 살펴야 한다. '대관령휴게소 2.3km, 국사성황사 0.8km' 방향을 따라 고개를 하나 넘고 대관령 양떼목장의 외곽 길을 지나 숲길을 걸으면 대관령마을휴게소에 도착한다.

20만 평을 가득 메운 억새의 바다

정선 민둥산

이동 거리	6.76km
소요 시간	3시간 40분
추천 시기	가을 > 봄 > 겨울

민둥산은 가을이면 둥그스름한 산 능선을 타고 은빛 파도가 친다. 산 정상 전체를 뒤덮은 억새꽃은 감동 그 자체다. 억새와 함께 완연한 가을의 정취를 느끼게 하는 노란 낙엽송도 빼놓을 수 없는 볼거리다. 민둥산 억새 군락지 바로 아래에 대규모의 낙엽송 군락지가 있다. 하늘 높이 치솟은 낙엽송이 숲을 온통 노랗게 물들인다. 하산길에 만나는 분화구 모양의 커다란 웅덩이인 돌리네도 색다른 구경거리다.

주변 관광지
- 하이원 리조트 +11km
- 화암 국민관광지 +17.9km

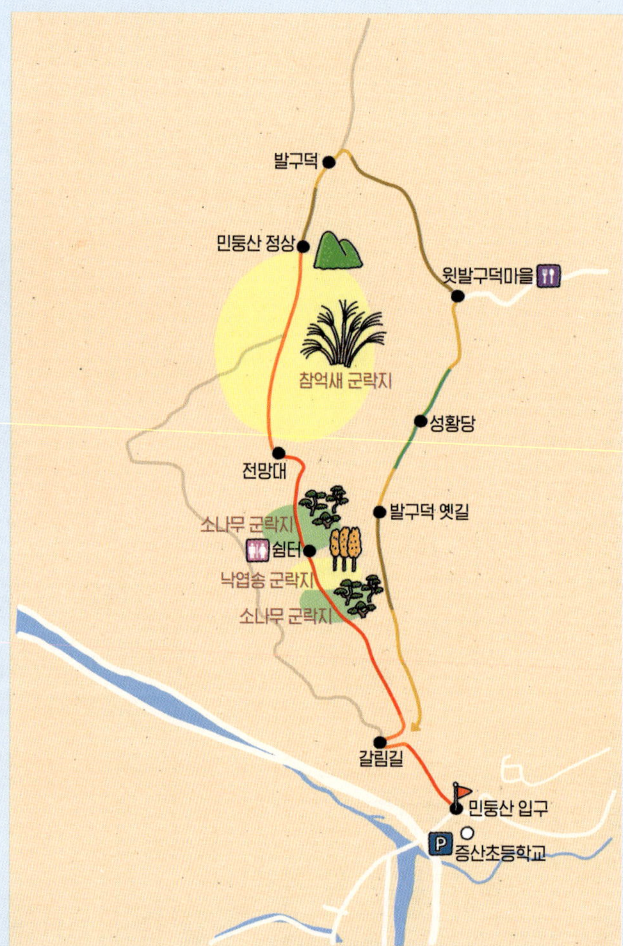

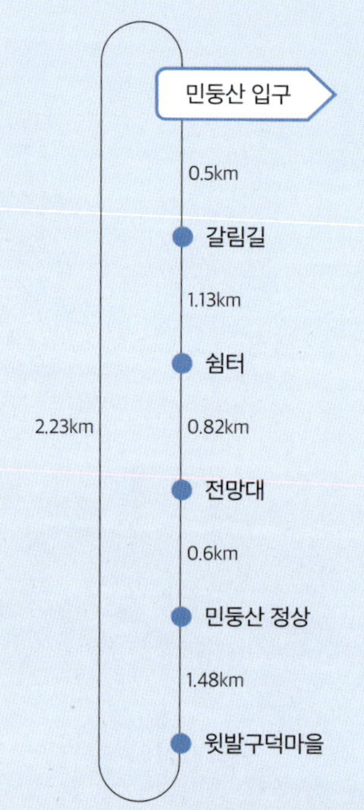

주의 사항

증산초등학교에서 제단을 거쳐 전망대로 곧바로 오르는 길은 급경사다. 초반에 페이스 조절이 필요하다.

이동 방법

🚗 자동차

목적지: 민둥산 교차로 옆 공영주차장
(강원 정선군 남면 민둥산로 4)

🚌 대중교통

기차 민둥산역에서 1.6km(도보 20분) 이동한다.

추천 맛집

🍜 시골막국수

주소 강원 정선군 남면 무릉3로 23
전화 033-591-9044

메밀 향이 가득한 쫄깃한 면발의 막국수가 일품이다. 비빔 국수에 수육보쌈과 함께 먹으면 좋다.

🍜 부길한식당

주소 강원 정선군 남면 무릉1로 112
전화 033-591-8333

돌솥비빔밥 스타일로 나오는 곤드레밥 맛집이다. 시래기 가 들어간 된장이 함께 나온다.

민둥산 입구를 통과해 500m 정도 오르면 갈림길을 만난다. 왼쪽은 완경사, 오른쪽은 급경사 길이다. 왼쪽 길은 오르기는 편하지만 억새 군락지의 중간 지점으로 길이 연결돼 군락지 전체를 한눈에 볼 수 없다는 단점이 있어 오른쪽 길을 추천한다.

곧바로 시작되는 상당히 가파른 계단은 억새 군락지 초입 전망대까지 이어진다. 나무 계단에 올라서면 마디가 길고 껍질이 유별나게 붉은 소나무 군락지를 만난다. 소나무 군락지 사이로 노랗게 물든 낙엽송이 푸르디푸른 솔잎과 대비되어 더 노랗게 보인다. 오르막이라 힘겹던 길은 엄청난 규모의 낙엽송 군락지를 만나면서 보상받는다. 하늘 높이 솟은 30m 이상의 낙엽송이 숲을 온통 노랗게 물들인 모습은 탄성을 자아낸다. 민둥산 억새의 유명세에 가려 조금은 덜 알려진 낙엽송 숲이다. 봄과 여름에는 푸른빛으로, 가을에는 노란빛으로, 겨울에는 눈이 내려 하얀빛으로 변해 사계절 내내 아름답다.

1 완경사와 급경사 갈림길
2 갈림길을 지나 나오는 가파른 계단

낙엽송 숲을 통과하면 나오는 임도에는 잠시 쉬어 갈 수 있는 쉼터와 화장실이 있다. 쉼터를 출발하자마자 다시 붉은색을 띠는 소나무 군락지를 만난다. 산 위에 나무가 자라지 않아 민둥산이라 부르지만 7부 능선까지는 울창한 소나무와 낙엽송이 숲을 이룬다.

1 낙엽송 군락지 2 억새 군락지 초입의 전망대 3 억새 군락지

민둥산 정상을 0.6km 남겨 놓은 지점에 전망대가 있다. 이곳에 서면 발아래로 입구 앞의 증산초등학교, 그 뒤로 증산농공단지와 민둥산역이 보인다. 증산농공단지와 민둥산역을 둘러싼 산자락은 낙엽송이 존재감을 발하며 노랗게 물들어 있다. 노란색의 낙엽송 숲은 우리나라에서는 좀처럼 보기 힘든 가을 풍경이라 유난히 이채롭다.

전망대부터는 억새 군락지가 펼쳐진다. 가을 햇살을 받아 은빛 물결을 이루는 억새를 따라 탐방로를 걸으며 가을의 정취를 제대로 만끽한다. 탐방로 어느 곳에서도 억새를 배경으로 인생 사진을 찍을 수 있다. 각도와 고도에 따라 매번 풍경이 달라져 서너 걸음마다 멈춰 사진을 찍게 될 정도로 감동적인 풍경이 계속된다. 광활한 억새 물결이 끝날 즈음에야 민둥산 정상에 다다른다.

정상석에서 인증 사진을 찍고 억새 군락지 반대편인 발구덕 방향으로 발걸음을 내디딘다. 앞쪽으로 백두산 천지나 한라산 백록담을 축소 시켜놓은 듯한 분화

정상 부근의 발구덕(돌리네)

구처럼 생긴 지형이 보여 신비롭다. 민둥산은 석회암으로 이뤄졌는데 빗물에 석회암이 녹으면서 지반이 둥글게 내려앉아 커다란 웅덩이가 만들어진 카르스트 지형의 돌리네다. 발구덕은 둥글게 움푹 꺼져 들어간 곳이라는 뜻의 '구덕'과 이런 지형이 여덟 개라는 '팔'이 합쳐진 이름이다. '팔구덕'이 '발구덕'으로 변했다.

매점에서 내려가는 마을길

　발구덕을 내려와 임도를 따르면 윗발구덕마을이다. 이곳 낙엽송 숲 사이에 쉼터와 간이매점이 있다. 간단한 라면과 어묵 등을 판매해 오가는 사람들이 제법 애용한다. 매점에서 커피 한잔 마시고 마을길을 따라 성황당이 있는 갈림길까지 내려온다. 갈림길에서 호젓한 산길인 발구덕 옛길을 따라 내려가면 들머리였던 민둥산 입구에 도착한다.

거친 길을 탐험하며 즐기는 협곡의 비경

동해 두타산 베틀바위 -마천루

이동 거리	8.23km
소요 시간	4시간 20분
추천 시기	가을 > 봄 > 여름

무릉반석과 쌍폭포로 유명한 동해 두타산은 베틀바위 전망대와 두타산 협곡 마천루 코스가 새롭게 개방되면서 최고의 트레킹 장소로 떠오르고 있다. 하늘을 뚫을 듯 거침없이 치솟은 바위들이 늘어선 베틀바위는 신선이 머무를 것만 같다. 기암절벽이 둘러싼 두타산 협곡 마천루에 서면 깊고 깊은 두타산의 V자 협곡과 용추폭포 전경이 한눈에 들어온다. 기암들과 어우러진 산자락의 절경이 끝나면 쌍폭포와 용추폭포를 위시하는 무릉계곡의 아름다움이 펼쳐진다.

🗺 **주변 관광지**
- 무릉별유천지 +1.7km
- 추암촛대바위 +16km

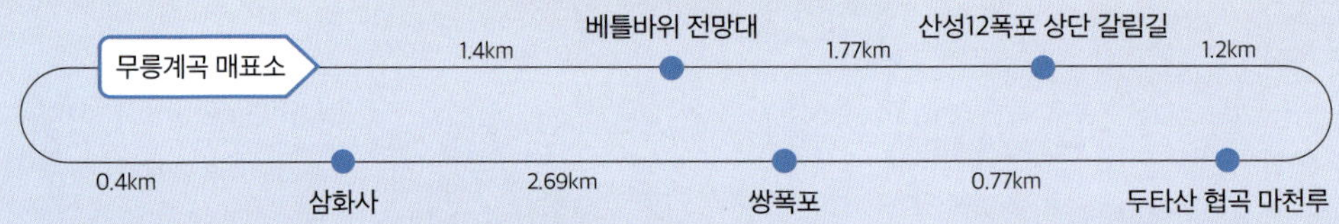

이동 방법

🚗 자동차

목적지: 무릉계곡 제1주차장

(강원 동해시 삼화동 858-3)

※제1주차장 만차 시 제2~3주차장에 주차한다.

🚌 대중교통

동해시종합버스터미널에서 무릉행 111번 버스 승차 후 '무릉계곡'에서 하차한다.

추천 맛집

🍴 무릉일가

주소 강원 동해시 삼화로 525-5

전화 033-534-9822

생선산채정식은 14가지 반찬과 함께 가자미구이가 나온다. 청국장찌개백반도 괜찮다.

🍴 명옥이네

주소 강원 동해시 삼화로 516-6

전화 033-534-9035

푸짐하고 살이 꽉 찬 간장게장 맛집. 더덕구이와 도토리묵도 맛있다. 간장게장은 한정 판매한다.

매표소를 지나자마자 갈림길이 나온다. 직진은 무릉계곡을 따라 쌍폭포로, 왼쪽은 산길을 따라 베틀바위 전망대로 가는 길이다. 쌍폭포로 가는 길이 넓고 눈에 잘 띄어 무심코 걷다 보면 쌍폭포 쪽으로 갈 수 있으니 전망대로 가는 길을 잘 살펴 왼쪽으로 진행해야 한다.

이곳에서 베틀바위 전망대까지는 꾸준한 오르막이다. 탐방로 주위로 참나무와 소나무가 울창한 숲을 이루는데, 옛날에는 이곳에 자생하는 참나무를 잘라 모아 숯가마에 쌓고 숯을 구워 내다 팔았다고 한다. 이를 방증하듯 곳곳에 복원해 놓은 숯가마 터가 있다.

전망대에 가까워질수록 붉은 소나무와 단풍나무가 자주 눈에 띈다. 단풍나무 덕에 10월 말부터 11월 초 사이에 이곳을 방문하면 화려한 가을 단풍을 즐길 수 있다. 급경사의 데크 계단을 올라서면 베틀바위 전망대가 탐방객을 반긴다. 전망대 앞으로 하늘 높이 솟은 수백 개의 뾰족한 바위기둥들이 저마다의 수려하고 빼어난 자태를 뽐내며 뭉쳐 있다. 동해의 거센 바닷물결을 마디마디 베어 내어 베틀바위 위에 비단같이 펼쳐놓은 듯하다. 전망대 포토존에는 베틀바위를 배경으로 사진

전망대에서 보이는 베틀바위

베틀바위

을 찍으려는 사람들이 길게 줄을 서 있다.

이후 200m의 급경사 데크 계단을 오르면 미륵바위가 기다린다. 미륵바위는 베틀바위 상단부에 자리한 커다란 선돌이다. 선돌의 모양이 미륵불을 닮아 미륵바위라고 불린다. 두타산 협곡 마천루를 보기 위해서는 미륵바위 옆 갈림길에서 '두타산성' 이정표를 따라가야 한다. 두타산성 쪽으로 가는 길에 단풍나무 군락을 만난다. 300m에 이르는 긴 숲길이 빨갛게 물든 단풍나무로 꽉 차 있다. 단풍 숲을 빠져나와 15~20분 정도 걸으면 산성12폭포 상단 갈림길이다. 직진은 두타산성을 거쳐 하산하는 길이고, 왼쪽은 2021년 6월에 개방한 두타산 협곡 마천루로 가는 길이다. '두타산 협곡 마천루' 이정표 방향으로 50m 정도 걸으면 산성12폭포 상단이다. 이곳부터 아래쪽으로 열두 개의 폭포가 늘어서 있다. 길이가 길어 하늘을 나는 새의 시야가 아니고서는 폭포 전체를 한눈에 담을 수 없다. 산성12폭포 상단을 건너 산길로 접어들면 완만한 너덜 지대가 반복된다.

바위틈으로 떨어지는 석간수를 구경하고, 거대한 바위 지대를 돌고 돌면 두타산 협곡 마천루다. 이곳에 설치된 데크가 전망대 역할을 한다. 전망대 뒤로는 엄청난 규모의 바위 군락인 금강산바위가 자리한다. 전망대 앞으로는 두타산의 깊고 깊은 V자 협곡과 그 뒤로 우뚝 솟은 신선봉과 병풍바위, 신선봉 아래의 용추폭포와 쌍폭포가 보인다. 신선이 살고 있는 선계가 있다면 아마도 이곳이 아닐까 싶다.

금강산바위 옆으로 아슬아슬하게 조성된 잔도를 따라 쌍폭포 쪽으로 발걸음을 옮긴다. 금강산바위 반대편으로는 두타산 협곡 마천루에서 보았던 협곡이 계속 이어져 좌우로 바위와 협곡의 절경을 감상하며 걸을 수 있다. 이 데크길은 금강바윗길로 불린다. 금강바윗길을 내려서면 KBS 예능 프로그램 〈1박 2일〉 촬영지로 유명한 쌍폭포가 있다. Y자로 흘러내리는 폭포로 주변이 노랗게 물드는 가을철이 가장 아름답다. 이곳에서 250m를 더 오르면 용추폭포다. 용추폭포 앞 철다리에 서면 폭포 반대쪽으로 두타산 협곡 마천루를 볼 수 있다.

무릉계곡에 내려앉은 단풍을 감상하며 산책로 수준의 탐방로를 따라 하산한다. 학이 둥지를 틀고 살았다는 학소대를 구경하고 계단을 내려서면 삼화사다. 643년 자장율사가 창건한 삼화사는 매년 10월에 열리는 삼화사 수륙재로 유명하다. 삼층석탑을 지나 적광전 추녀 밑에 서면 천왕문 뒤쪽으로 기암절벽이 펼쳐진다. 수백 명은 거뜬히 앉을 수 있을 정도로 거대한 무릉반석에는 무릉계곡을 찾았던 수많은 시인 묵객의 시구가 새겨져 있다. 이곳을 지나면 들머리였던 매표소에 도착한다.

1 미륵바위
2 쌍폭포

푸른 쪽빛 바다와 기암괴석이 이어지는 해안길

삼척 이사부길
-추암촛대바위

이동 거리	6.67km
소요 시간	2시간 30분
추천 시기	봄 > 가을 > 겨울

동해 일출 명소 중 하나인 추암촛대바위는 애국
가 첫 소절의 배경 화면으로 유명하다. 추암촛대
바위에서 해안을 따라 삼척이사부광장까지 이어
지는 해안 도로에는 기기묘묘한 기암이 즐비하다.
특히 이사부길은 해안 절경뿐만 아니라 신라 시
대 이사부 장군의 이야기로 가득하다. 속이 다 보
여 가슴까지 시원해지는 푸른 동해와 기암, 그리
고 이사부 장군의 이야기를 들으며 인문학 여행까
지 할 수 있다.

주변 관광지(삼척이사부광장 기준)
• 덕봉산 해안생태탐방로 +10.6km
• 초곡용굴촛대바위길 +20.5km

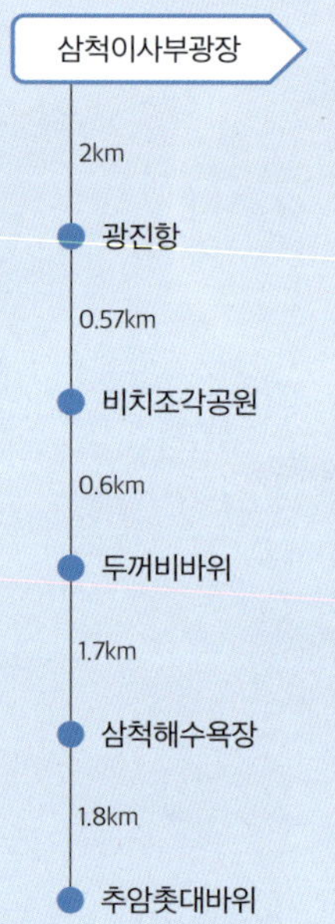

> **주의 사항**
> 해안을 따라 걸어 그늘이 없다. 자외선을 막기 위한 선크림과 챙이 있는 모자를 준비하자.

이동 방법

🚗 자동차

목적지: 이사부광장 주차장
(강원 삼척시 새천년도로 100)

🚌 대중교통

삼척종합버스터미널에서 10번 버스 승차 후 '삼척이사부광장'에서 하차한다.

추천 맛집

만남의식당

주소 강원 삼척시 새천년도로 84
전화 033-574-1645

삼척의 대표 음식인 곰치국을 잘한다. 김치국에 곰치를 넣고 얼큰하게 끓여내 해장에도 안성맞춤이다.

뜰애홍합밥

주소 강원 삼척시 새천년도로 615
전화 0507-1301-9544

20여 가지의 반찬이 나오는 홍합밥정식 전문점이다. 영업 시간은 오전 10시부터 오후 4시까지다.

삼척항 근처 정라진 방파제 앞에는 삼척이사부광장이 자리한다. 이곳부터 삼척해수욕장까지의 길을 이사부길이라고 한다. 광장을 출발하면서 자연스럽게 연결되는 스카이워크 오른쪽에는 탁 트인 동해가, 왼쪽에는 '벽너머엔 나릿골 감성마을'의 주황색 지붕들이 한눈에 보인다. 스카이워크가 끝나는 지점에 사자바위가 있다.

이사부는 신라 시대에 삼척 지역에서 활동한 장군으로《삼국사기》에 의하면 꾀를 써서 우산국(울릉도)을 정벌했다고 한다. 나무로 사자를 만들어 전함에 싣고 우산국의 해안으로 다가가 항복하지 않으면 사자를 풀어 밟아 죽이겠다고 하자 우산국 군사들이 두려워하며 즉시 항복했다. 이사부 장군이 우산국 정벌에 이 사자상을 사용해 이사부길에서는 사자와 관련된 이름과 사자상을 자주 만난다.

유려하게 뻗어나간 해안 도로를 따라 걷는다. 동해의 푸른 바다와 파란 하늘이 만들어낸 풍경은 걷는 내내 지루할 틈을 주지 않는다. 규모가 워낙 작아서 '항'이라는 생각이 전혀 들지 않는 광진항 주변은 소나무가 자라고 있어 바닷가 풍경과 어울림이 좋다. 광진항부터 파도에 의해 만들어진 기암들이 삼척해수욕장까지 즐비하게 늘어서 있다. 아름다운 해안 이사부길을 기암들이 더욱 다채롭게 만든다.

이채로운 바위와 해안 풍경을 즐기는 사이 금세 도착한 비치조각공원에는 유명 조

1 비치조각공원 데크
2 비치조각공원 언덕 전망대 전경
3 삼척해수욕장

추암촛대바위

각가들의 작품 10여 점이 전시되어 있다. 이곳에는 세 곳의 전망 포인트가 있는데, 첫 번째는 조각상 옆에 있는 데크로 바닷가와 인접해 탁 트인 전망이 일품이다. 두 번째는 공원 내 카페 마린데크다. 바다 쪽으로 창이 나 있어 카페 어디에 앉더라도 바다를 볼 수 있는 멋진 전망을 자랑한다. 세 번째는 공원 화장실 맞은편에 있는 작은 언덕 전망대다. 공원 화장실 옆 데크를 따라 20m 정도 오르면 정자를 지나 전망대를 만난다. 굽이쳐 흐르는 해안 도로 옆으로 부서지는 파도 속에 하얀 포말을 일으키는 기기묘묘한 갯바위가 늘어서 있다. 갯바위 뒤로 두꺼비바위, 그 뒤로 후진항과 동해시까지 보인다.

1km에 걸쳐 펼쳐진 삼척해수욕장의 백사장을 따라 쏠비치 삼척 리조트 쪽으로 이동한다. 이사부길은 삼척해수욕장에서 끝나지만, 리조트를 지나면 동해안 일출 명소인 동해시의 추암촛대바위가 지척에 있어 이곳까지 걷는다.

추암촛대바위 주변의 기암들

　리조트와 추암촛대바위 중간 지점에 정자인 임해정과 해가사의 터가 있다. 임해정에 오르면 삼척시 증산해변과 동해시 추암해변이 시원하게 펼쳐진다. 해가사의 터에는 신라 성덕왕 때 순정공(純貞公)이 강릉 태수로 부임하던 길에 갑자기 해룡(海龍)이 나타나 그의 아내 수로부인(水路夫人)을 납치했으나, 한 노인의 말에 따라 백성들이 막대기로 언덕을 치면서 해가(海歌)를 불렀더니 용이 부인을 내놓았다는 전설이 전해진다. 정자 앞에는 '해가'라는 설화를 토대로 조각한 예술 작품 〈드래곤 볼〉이 있다.

　파도에 의해 촛대 모양으로 깎인 추암촛대바위 부근에는 형제바위, 코끼리바위, 부부바위 등의 기암이 자리한다. 추암촛대바위 옆, 길이 72m의 출렁다리에 서면 기암과 동해의 푸른 바다가 어우러진 풍경을 감상할 수 있다. 돌아갈 때는 추암 관광지(추암촛대바위) 옆에 있는 추암역 택시 승강장에서 택시를 타 삼척이사부광장 또는 버스터미널이 있는 삼척 시내로 이동한다.

주목 위에 하얗게 핀 눈꽃 천국

태백 태백산
유일사-천제단

이동 거리	8.63km
소요 시간	4시간
추천 시기	겨울 > 봄

해발 1,500m가 넘는 태백산에서는 겨울철에 눈보다 하얗고 얼음보다 투명한 눈꽃을 볼 수 있다. 고도가 높아지면서 더 커지는 눈꽃은 주목과 철쭉나무에 붙어 장관을 이룬다. 고산이라 산행이 힘들 것 같지만, 출발지인 유일사 주차장이 해발고도 890m, 가장 높은 장군봉이 해발 1,567m로 실제로는 해발 700m 이하의 산을 오르는 것과 같다. 초반부의 임도 2.3km를 제외하면 산길을 걷는 구간은 1.7km로 길지 않아 예상외로 수월하게 정상까지 갈 수 있다.

🗺 **주변 관광지**

- 황지연못 +12km
- 구문소 +19.5km

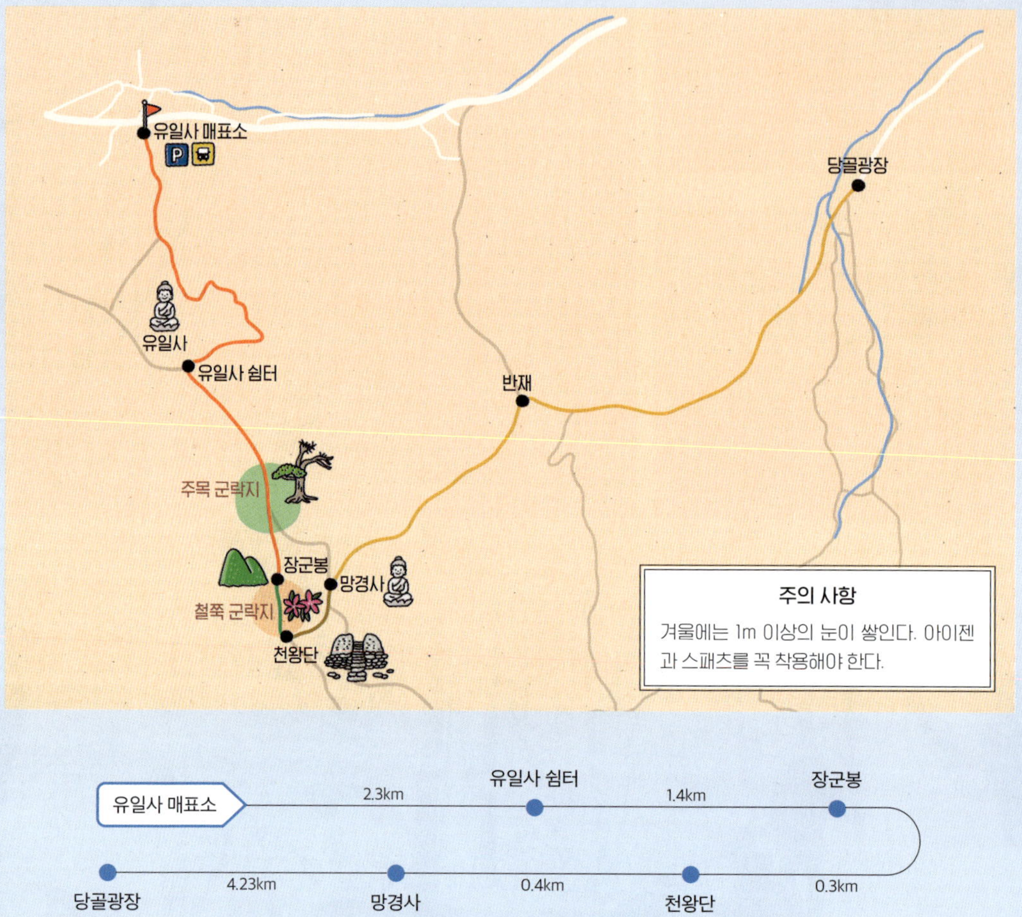

이동 방법

🚗 자동차

목적지: 태백산국립공원 유일사 주차장 전기차충전소
(강원 태백시 태백산로 4246-1)

🚌 대중교통

태백버스터미널에서 6번 버스 승차 후 '유일사 입구'에서
하차한다.

추천 맛집

당골광장 주변에 음식점이 많지만 태백 연탄불구이와 토속 음식을 맛보려면 태백 시내의 음식점을 이용하는 것이 좋다.

너와집

주소 강원도 태백시 고원로 35
전화 033-553-4669

강원도 토속 음식을 맛볼 수 있다. 취나물, 고사리를 비롯
한 강원도 산나물의 향과 아삭한 식감에 매료된다.

원조 태성실비식당

주소 강원도 태백시 감천로 4
전화 033-552-5287

숯불이 아닌 연탄불에 구워 먹는 소고기 전문점이다. 불향
과 야들야들한 고기 맛이 일품이다.

겨울 눈꽃 산행과 6월 철쭉 산행을 떠난다면 태백산 천왕단(영봉)에 오른 뒤 당골 광장으로 하산하는 이 코스를 가장 추천한다. 완만한 경사와 짧은 거리로 가장 빠르고 편안하게 태백산 정상까지 갈 수 있기 때문이다.

유일사 매표소에서 유일사 쉼터까지는 지그재그로 되어 있는 임도다. 발목 높이만큼 쌓인 눈길을 따라 50여 분 걷다 보면 유일사 쉼터에 도착한다. 유일사는 쉼터에서 200~300m 떨어져 있다.

쉼터에서 정상인 천왕단까지는 1.7km로 이곳부터 본격적인 산길이다. 국립공원답게 탐방로는 잘 정비되어 있다. 하지만 눈이 많이 쌓인 산길은 한 걸음 한 걸음 옮기기가 만만치 않다. 중간중간 쌓인 눈이 얼어 있는 구간도 있어 조심해서 발을 내디딘다. 고도가 높아지면서 울창한 숲길은 눈꽃 터널로 바뀐다. 나뭇가지에 수북하게 쌓인 눈꽃이 반긴다. 눈꽃 사이로 얼핏 보이는 겨울의 맑고 높은 파란 하늘이 하얀 눈과 색의 대비를 이루어 더 눈부시다.

눈꽃 터널이 끝나갈 무렵에 태백산 눈꽃 산행하면 제일 먼저 떠오르는 주목이 나타난다. 붉은색 나무줄기와 초록색 잎 위로 하얀 눈이 덮인 모습이 환상적이다. 다른 곳에서는 볼 수 없는 태백산만의 풍경이다. 태백산에는 2,800여 그루의 주목이 자란다. 특히나 장군봉 일대에는 500년 이상 된 주목 몇 그루가 거대한 존재감을 뽐내며 색다른 풍경을 보여준다. 살아 있는 주목뿐만 아니라 말라비틀어져 죽어가는 주목도 눈꽃과 어우러져 아름답게 빛난다. 살아 천년, 죽어 천년을 간다는 주목의 생명력이 신비롭다.

1 주목
2 장군봉에 있는 장군단 내부

　　주목 지대를 지나면 태백산에서 가장 높은 장군봉(1,567m)에 도착한다. 태백산에 있는 천제단 3기(천왕단, 장군단, 부소단) 중 장군단이 있는 곳이다. 이곳에서 천왕단까지는 300m 정도의 평탄한 능선길이다. 능선은 철쭉나무로 가득 메워져 5월 말과 6월 초에 진분홍색의 철쭉이 만개해 장관을 이루고, 겨울철에는 눈이나 서리가 철쭉나무에 엉겨 붙어 하얀 눈꽃을 만들어낸다. 계절의 대비를 극명하게 느낄 수 있는 길이다.

[1] 천왕단 [2] 태백산 정상석 [3] 망경사

　　정상에 있는 천왕단은 둘레 27.5m의 원형 제단으로 내부에 한배검이라 적힌 비석이 있다. 한배검은 단군왕검을 높여 부르는 말이다. 천제단 3기를 대표해 개천절마다 이곳에서 제사를 지낸다. 천제단 3기는 1991년 10월 23일 국가민속문화재로 지정되었다. 천왕단 바로 옆에는 태백산 정상석이 있다. 정상석에서 인증 사진을 남기고 곧바로 망경사로 향한다. 정상석에서 망경사로 내려가는 길은 경사가 심한 비탈길이다. 아이젠을 착용해도 미끄러질 수 있으므로 매우 조심해서 내려서야 한다.

　　비탈길을 내려오면 단종비각과 망경사가 차례로 나온다. 단종비각이 이곳에 놓인 이유는 다음과 같다. 한성부윤을 거친 추익한은 영월에서 유배 중이었던 단종에게 몇 차례 태백산에서 나는 과일을 진상하며 어린 왕을 위로하곤 했다. 그러던 어느 날 추익한의 꿈에 백마를 타고 태백산으로 가는 단종이 나타났고, 꿈에서 깬 그가 이를 이상하게 여겨 단종을 찾아가 보니 그는 그날 세상을 떠났다. 이곳 주민들은 단종이 영월에서 승하한 뒤 태백산의 산신령이 되었다고 믿고, 단종의 영혼을 위로하기 위해 이곳에 단종비각을 세웠다.

단종비각 옆으로 눈꽃 세상 속에 고요히 자리 잡은 산사가 눈에 들어온다. 용정을 시작으로 큰 법당과 요사채가 길 따라 쭉 늘어서 있다. 산줄기를 헤치지 않은 절의 배치가 인상적이다. 용정은 자연 샘물로 개천절에 천제단에서 제사를 지낼 때 제수(祭水)로 쓰인다.

이후 울창한 잣나무 숲으로 이루어진 고개인 '반재'에 도착한다. 잣나무 숲 아래에는 쉬어갈 수 있는 쉼터가 있다. 반재에서 길이 갈라지는데, 왼쪽은 백단사 매표소, 오른쪽은 당골광장으로 이어진다. 매년 1월에 태백 눈꽃 축제가 열리는 당골광장으로 하산한다. 들머리로 돌아갈 때는 택시가 가장 편리하다. 버스 이용 시 '당골·태백산국립공원' 정류장에서 7번 버스를 타고 '문곡소도동 행정복지센터'에서 6번 버스로 갈아타 '유일사 입구'에서 하차한다.

PART
4
충청도 트레킹

메타세쿼이아가 붉게 물든 절정의 가을 숲길

대전 장태산 자연휴양림

이동 거리	6.3km
소요 시간	3시간 30분
추천 시기	가을 > 겨울 > 봄

장태산자연휴양림은 늦가을이 되면 6,300여 그루의 메타세쿼이아가 붉은 옷으로 갈아입어 숨막히게 아름다운 모습을 보여준다. 이국적인 풍경을 선사하는 메타세쿼이아 숲과 출렁다리를 배경으로 멋진 사진을 찍을 수 있는 SNS 포토존 외에도 멋진 장소가 많다. 형제바위, 스카이타워, 구층석탑, 장태루 등 사진 명소이기도 한 각 전망대를 걸으며 자연휴양림 곳곳의 아름다운 풍경을 감상하자.

주변 관광지

- 온빛자연휴양림 +16km
- 상소동산림욕장 +35km

이동 방법

🚗 자동차

목적지: 장태산자연휴양림 제2주차장
(대전 서구 장안동 292-4)

🚌 대중교통

KTX 대전역에서 20번 버스 승차 후 '장태산자연휴양림'에서 하차한다.

추천 맛집

☎ 장태산학식당

주소 대전 서구 길곡길 202
전화 042-584-0635

토종닭백숙 맛집이다. 밑반찬도 정갈하고 맛있다. 닭을 삶는 시간이 필요해서 사전 예약해야 한다.

☎ 호숫가에서(본점)

주소 대전 서구 장안로 354-14
전화 042-581-3303

국산 돼지 앞다릿살로 만든 수육이 담백하고 쫄깃하다. 수육쌈밥에는 쌈 채소와 데친 쌈 채소가 함께 나온다.

우리나라 최대 규모의 메타세쿼이아 숲인 장태산자연휴양림은 숙박하거나 특별한 시설을 이용하는 게 아니라면 무료로 둘러볼 수 있다. 이곳은 원래 2002년 타계한 고(故) 임창봉 선생이 1973년부터 이 일대의 24만 평을 매입해 30년 동안 조성했다. 1991년 5월, 산림청으로부터 전국 최초 민간 자연휴양림으로 지정받았다. 그러나 국제통화기금(IMF) 외환위기 이후 안타깝게도 금융권의 부채로 경매 처분하게 되었고, 이를 대전시가 인수해 새롭게 단장하여 2006년 시민의 품으로 돌아왔다.

정문에 들어서자마자 하늘에 닿을 듯 높게 뻗은 메타세쿼이아 숲이 반긴다. 연초록의 나뭇잎이 가을에 붉게 물든다. 만남의 숲으로 가는 다리 위에서 계곡 양옆으로 울긋불긋 단풍이 물든 메타세쿼이아 풍경을 바라본다. 입구부터 가을 감성이 가득하다.

생태연못에 이르러 길이 갈리는데 SNS 포토존을 먼저 가기 위해서는 오른쪽 숲속 어드벤처 쪽으로 진행해야 한다. 숲속어드벤처는 스카이웨이, 스카이타워와 출렁다리를 통해 메타세쿼이아 숲을 보다 특별하게 체험할 수 있는 공간이다. 숲속어드벤처로 들어서면 메타세쿼이아 사이의 허공에 놓인 스카이웨이를 만난다. 높이 12m의 데크로 높은 눈높이에서 나무를 보며 걸을 수 있다. 아래에서 숲을 볼 때와는 다른 매력을 선사한다. 스카이웨이 끝에는 전망대인 스카이타워가 있다. 전망대로 올라가는 나선형 구간에서 다각도로 풍광을 감상할 수 있고, 전망대에 서면 메타세쿼이아 숲을

1 정문 입구
2 스카이웨이

한눈에 내려다볼 수 있다. 스카이웨이 입구로 되돌아와 높이 45m, 길이 140m의 출렁다리를 건너 산길을 10분 정도 오르면 SNS 포토존을 만난다. 포토존은 전망대 아래 있는 커다란 바위다. 바위에 모델이 서고 전망대에서 사진을 찍으면 메타세쿼이아 숲과 출렁다리가 배경이 되어 멋진 인생 사진을 건질 수 있다. 단, 안전시설을 갖추고 있지 않으니 각별히 주의하자.

생태연못으로 되돌아와 '숲속의집' 이정표를 따르면 곧바로 메타세쿼이아 산림욕장이 모습을 드러낸다. 산림욕장 내 메타세쿼이아 밑에는 데크와 벤치, 누울 수 있는 의자와 평상 등이 설치돼 있어 산림욕과 함께 잠시 휴식하기에도 좋다. 산림욕장 한쪽 편에는 '병아리책방'이라는 작은 무인 도서관이 있다. 가을 햇살과 더불어 책 한 권 읽고 싶을 때 이용하면 좋다. 병아리책방 옆 '詩(시)가 있는 구멍가게'에서 커피 한잔 마시고 숲속교실로 향한다. 이국적인 메타세쿼이아 가로수길을 따라 숲속교실을 통과해 교과서식물원을 지나면 산책로는 끝난다. 산책로 이후부터는 등산로다. 등산로에 접어들자마자 크리스마스트리로 사용되는 독일 가문비나무와 소나무, 참나무를 만난다. 참나무의 잎이 노랗게 물들어 바닥에 쌓여 있는 모습에서 가을의 정취를 느낀다.

낙엽이 쌓여 있는 부드러운 능선을 따라가면 이 앞으로 멋진 전망대들이 기다린다. 첫 번째가 구층석탑 바로 옆에 있는 전망대다. 장태산자연휴양림에 숨겨진 전망

① 숲속교실로 향하는 가로수길
② 구층석탑

구층석탑 옆 전망대 풍경

대로 이곳에 서면 장안저수지와 팔마정을 한눈에 조망할 수 있다. 앉을 수 있는 벤치가 있어 탁 트인 전망과 함께 쉬어가기 좋다. 두 번째로 형제산 정상의 장태루에서 다시 한번 풍경을 감상하고 세 번째 전망대인 팔마정으로 향한다. 팔마정에서는 가을이면 장안저수지의 옥빛 물결과 양옆으로 붉게 물들어가는 산을 볼 수 있다. 형제산에서 팔마정으로 갈 때는 내리막이라 편했는데 되돌아오는 길은 급경사의 오르막이라 매우 힘들다. 일몰 시간에 맞춰 마지막 전망대인 형제바위로 간다. 전망대 앞 양옆으로 두 개의 커다란 바위가 자리한다. 바위 사이로 메타세쿼이아 숲 스카이타워와 출렁다리가 한눈에 내려다보인다. SNS 포토존이 위치한 산 쪽으로 해가 넘어가며 석양빛이 비춘 메타세쿼이아가 더 붉게 빛난다. 뜨겁게 넘어가는 일몰과 은은한 여명까지 지켜보고 내려온다. 이곳에서 주차장까지는 15분 거리인데 가을에는 해가 지면 곧바로 어두워지니 일몰 감상을 계획한다면 반드시 랜턴을 챙기자.

단양
느림보강물길
5-4코스

이동 거리	8.79km
소요 시간	3시간 30분
추천 시기	가을 > 봄 > 여름 > 겨울

남한강 변의 깎아지른 절벽 위를 걸을 수 있는 잔도가 단양에 있다. 느림보강물길 5코스다. 코스 중간에는 단양 시내를 한눈에 내려다볼 수 있는 만천하 스카이워크도 있어 잔도와 연계해서 걷기 좋다. 잔도가 끝나면 느림보강물길 4코스가 시작되며 1만 5,000여 그루의 붉은 장미가 남한강 변을 걷는 여행객을 반긴다. 단양 시내와 남한강을 동시에 바라보며 걸을 수 있다. 오르막과 내리막이 거의 없는 평지 길을 따라 단양의 매력에 빠져보자.

주변 관광지

- 도담삼봉 & 석문 +2.2km
- 카페 산 +8.8km

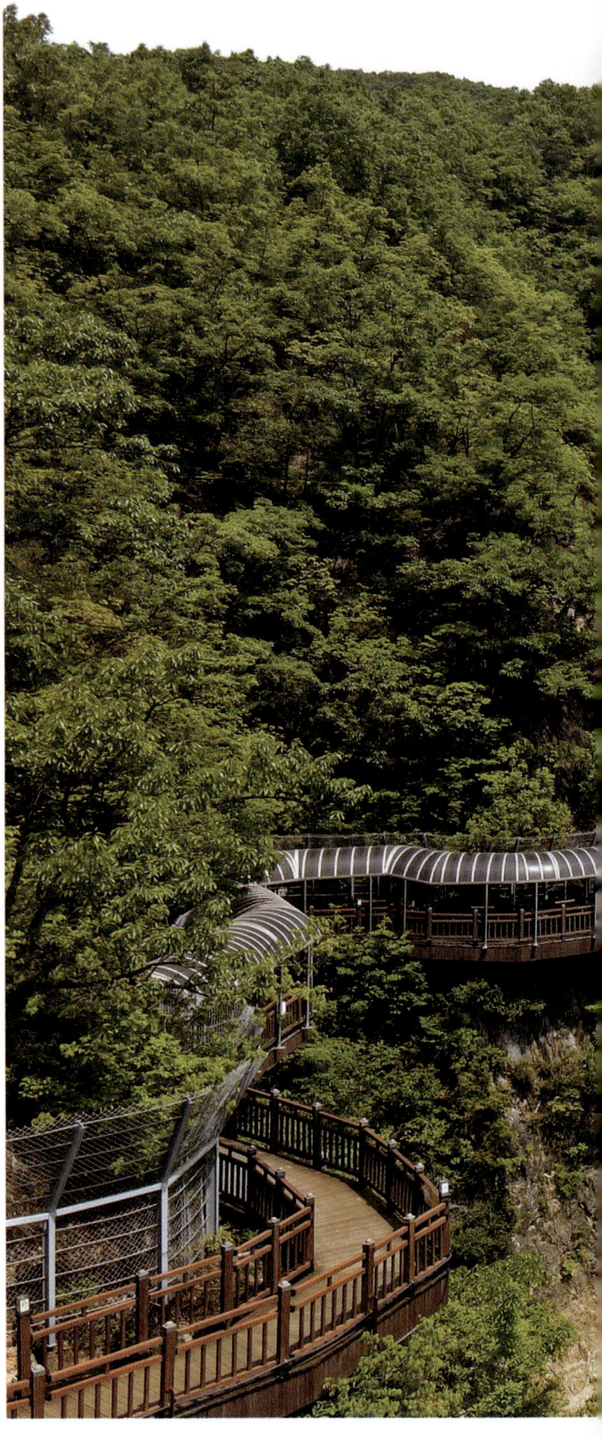

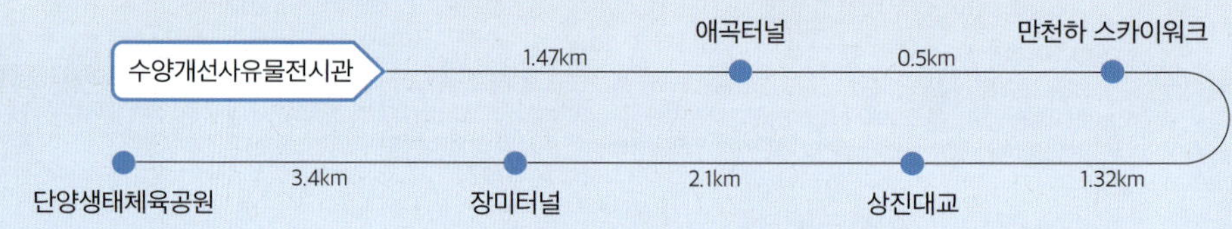

이동 방법

🚗 자동차

목적지: 수양개선사유물전시관
(충북 단양군 적성면 수양개유적로 390)

🚌 대중교통

KTX 단양역에서 4.5km 또는 단양시외버스공영터미널에서 4.7km를 택시로 이동한다. 터미널에서 공공형 버스인 행복나드리버스(애곡리행) 승차 후 '수양개유물전시관'에서 하차한다.

추천 맛집

🏪 장다리식당

주소 충북 단양군 단양읍 삼봉로 370
전화 043-423-3960

20여 가지가 넘는 밑반찬에 이어 마늘솥밥이 나온다. 밑반찬이 깔끔하고 맛나다. 함께 나오는 마늘비빔육회와 마늘수육도 좋다.

🏪 단양민물매운탕 쏘가리

주소 충북 단양군 단양읍 수변로 99, 1층
전화 043-421-7655

쏘가리매운탕 맛집으로 매운탕에 미나리와 팽이버섯 등 채소가 많이 들어간다. 텁텁함 없이 칼칼하고 개운한 국물이 특히 맛있다.

코스의 들머리인 수양개선사유물전시관은 충주댐을 지으면서 수몰된 주변 지역 중 하나인 수양개에서 발굴된 구석기 시대의 석기 유물과 다양한 종의 동물 화석을 관람할 수 있는 박물관이다. 전시관 앞 도로 건너에는 수양개 망향비가 세워져 있다. 망향비 상부 석판에 수몰되기 전 수양개마을의 가옥 배치가 그려져 있고, 가옥에 살았던 주민들의 이름이 적혀 있다.

수양개 망향비를 보고 200m 정도 걸으면 이끼터널이 나온다. 70m 길이로 정식 터널은 아니지만 도로 양옆의 축대 벽과 축대 벽 위로 나뭇가지가 무성해 터널 같은 느낌을 받는다. 5월에서 8월 사이에 축대 벽에 이끼가 가득해져 이색적인 풍경을 연출하는 인기 여행지다. 도로 옆을 따르던 길은 소나무가 가득한 숲길로 접어든다. 바로 옆으로 남한강이 흘러 숲과 강을 동시에 볼 수 있다.

숲을 빠져나오면 엄마와 아이의 조형물 〈시루섬의 기적〉과 마주한다. 조형물 바로 앞으로 강 한가운데에는 시루섬이 떠 있다. 1972년 8월 태풍 '베티'의 영향으로 시루섬이 물에 잠길 위험에 처하자 250여 명의 주민들은 불어나는 물을 피해 높이 7m, 지름 4m의 물탱크로 피신한다. 14시간이 지나 다음 날 새벽에 구조되지만, 주민들이 좁은 공간에서 버티는 와중에 돌을 지난 아기가 압박을 못 이겨 어머니의

1 이끼터널
2 〈시루섬의 기적〉
3 〈시루섬의 기적〉 앞에서 바라본 시루섬

품속에서 숨진다. 아이의 어머니는 이를 알아채지만 섬 주민들이 동요해 물탱크에서 떨어지지 않도록 아이의 죽음을 숨긴 채 버텼다. 시루섬의 기적과 슬픔이 교차하는 순간이다.

이어 도착하는 애곡터널은 일제 강점기 때는 철도로 쓰였으나 지금은 차로로 이용된다. 우리나라에서 보기 드문 1차로의 터널로 차량은 교대로 진행하고, 탐방로는 애곡터널 위로 이어진다.

단양강 잔도 입구에서 잠시 걸음을 멈춘다. 입구 반대편 만학천봉 꼭대기에 있는 달걀 모양의 전망대 만천하 스카이워크를 걷기 위해서다. 단양 최고의 전망을 볼 수 있는 곳으로, 셔틀버스로만 방문할 수 있다. 매표소에서 입장권을 구매한 후 셔틀버스에 승차한다. 2.5km 거리지만 구불구불한 산길이라 5분 정도가 걸려 도착한다. 만학천봉은 남한강 수면에서 80~90m 위에 있고, 그 위에 있는 만천하 스카이워크는 높이가 25m다. 나선형 전망대 맨 위에 오르면 발밑 100m 아래로 남한강

만천하 스카이워크 전망

이 내려다보인다. 남한강 뒤로 단양 시내, 더 뒤로 양방산 전망대와 소백산을 한눈
에 볼 수 있다.

전망대 풍경을 즐긴 뒤 셔틀버스를 타고 만천하 스카이워크 매표소로 돌아와
단양강 잔도를 다시 걷는다. 잔도 구간은 만천하 스카이워크 앞 단양강 잔도 입구
부터 상진대교 북단(단양 삼거리)까지 1.2km다. 잔도에 들어서면 왼쪽에는 깎아지
른 절벽이, 오른쪽에는 푸르게 흐르는 남한강이 보인다. 절벽 모퉁이를 한 굽이 한
굽이 돌아설 때마다 제각기 다른 모습의 남한강이 펼쳐진다. 상진대교 북단을 지
나면 단양군보건소가 나오는데, 이곳까지가 느림보강물길 5코스에 속한다.

단양군보건소 앞부터 단양생태체육공원까지 이르는 5.5km의 길은 느림보강물
길 4코스로 별칭은 '상상의 거리'다. 남한강 변을 따라 단양읍을 걷는다. 탐방로에
는 계절별 꽃들이 가득하고, 중간중간 작
은 공원이 있어 벤치에 앉아 남한강을 바
라볼 수 있다. 꽃들과 함께 한가롭고 호젓
하게 걸으며 쉬며를 반복한다.

남한강 변 산책로에 자리한 장미터널
은 붉은 덩굴장미를 심은 450m에 이르는
아치형 터널이다. 5월에서 6월 사이 장미가
만개할 때 장관을 이룬다. 터널을 지나 수
변로를 걷는 내내 강 건너로 양방산전망대
와 양백폭포가 보인다. 단양생태체육공원
에 도착해 트레킹을 끝낸 뒤에는 수변로 주
변의 맛집과 카페에 들러보자. 단양의 맛과
향을 경험하며 남한강의 풍광을 즐길 수
있다.

1 장미터널
2 수변로

시원하게 펼쳐지는 충주호의 푸른 전망

제천
구담봉_옥순봉

이동 거리	5.84km
소요 시간	3시간 10분
추천 시기	가을 > 봄

충주호를 바라볼 수 있는 구담봉과 옥순봉은 직
선거리 1.1km 정도로 지척이다. 충주호가 휘감아
도는 구담봉에 서면 충주호 위로 솟은 말목산과
제비봉이 연출하는 한 폭의 진경산수화를 볼 수
있다. 대나무 죽순 모양의 옥순봉은 단원 김홍도
가 〈옥순봉도(玉筍峯圖)〉를 남겼을 정도로 빼어난
풍경을 자랑한다. 이뿐만 아니라 두 곳을 오가는
바위 능선 곳곳이 금수산과 충주호가 어우러진
절경을 볼 수 있는 조망처다.

주변 관광지
- 제천 옥순봉 출렁다리 +6.7km
- 청풍호반케이블카 +18km

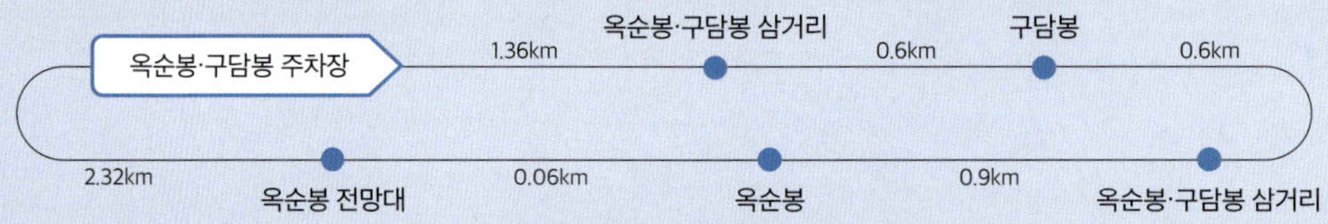

이동 방법

🚗 자동차

목적지: 옥순봉·구담봉 주차장
(충북 제천시 수산면 계란리 6-3)

🚌 대중교통

행정구역은 제천시지만 단양군이 가깝다. 단양시외버스공영터미널에서 택시로 20km 이동한다.

추천 맛집

주변에 음식점이 없고, 제천시 청풍면과 단양군 단양읍이 거의 비슷한 거리라 한 곳씩 음식점을 소개한다.

🍴 청풍명월

주소 충북 제천시 청풍면 청풍호로58길 10-4
전화 043-643-4458

민물매운탕집이면서 우렁이쌈밥 맛집이다. 특별한 양념으로 간을 한 우렁이 요리를 다양한 쌈 채소에 싸서 먹는다.

🍴 가연

주소 충북 단양군 단양읍 삼봉로 87
전화 043-421-4805

떡갈비와 함께 나오는 곤드레돌솥밥이 맛있는 식당이다. 마늘의 고장답게 마늘이 들어간 밑반찬이 많다.

단양은 예로부터 아름다운 산과 물이 많기로 유명한 고장이다. 1548년 퇴계 이황이 단양 군수로 부임해 9개월간 머무르며 단양의 산수를 소개한 〈단양산수가유자속기(이하 단양산수기)〉라는 글을 저술했고, 그중 옥순봉과 구담봉의 풍경을 극찬하기도 했다. 이 두 곳은 단양과 제천 사이에 위치해 현재 구담봉은 단양 땅이고, 옥순봉은 제천 땅이다.

주차장에서 30여 분 오르면 옥순봉·구담봉 삼거리가 나온다. 오른쪽이 구담봉, 왼쪽이 옥순봉 가는 길이다. 이곳에서 구담봉까지는 0.6km의 바위 능선길이고, 옥순봉까지는 0.9km의 숲길이다. 어느 봉우리를 먼저 가던 상관없지만, 상대적으로 더 힘든 코스인 구담봉을 체력이 있을 때 먼저 걷는 것을 추천한다.

오른쪽으로 가 숲을 빠져나오면 시야가 탁 트이면서 곧바로 바위 능선이 나타나고 가슴까지 시원한 풍경이 펼쳐진다. 왼쪽에는 에메랄드빛 충주호, 충주호 바로 뒤에는 둥지봉과 새바위, 그 뒤에는 가은산, 더 뒤에는 금수산과 신선봉 등이 첩첩으

구담봉

로 연이어져 아득하다. 오른쪽으로는 장회나루와 제비봉이 한눈에 들어온다. 제비봉은 제비가 날고 있는 모습과 닮아서 붙은 이름인데 이곳에서 보니 실제 하늘을 나는 제비의 모습 그대로다. 고도차 없이 이어지던 바위 능선길은 갑자기 데크 계단을 따라 한없이 내려간다. 협곡의 가장 낮은 지점인 안부에서 다시 올라야 할 데크 계단을 바라보면 아찔하다. 코가 닿을 만큼 수직에 가깝게 가파른 계단을 난간에 의지해 겨우겨우 올라 구담봉에 도착한다.

전망대에 서면 에메랄드빛 충주호를 가운데 두고 오른쪽에는 조금 전에 보았던 장회나루와 제비봉이, 왼쪽에는 말목산이 파노라마로 펼쳐진다. 이 그림 같은 풍경을 퇴계 이황이 앞서 소개한 〈단양산수기〉에 다음과 같이 묘사했다.

"산봉우리는 그림 같고 골짜기는 서로 마주 벌어져 있는데, 물은 가운데에 괴어서 넓고 맑고 엉키고 푸르러 거울을 새로 갈아서 공중에 걸어 놓은 것 같다."

옥순봉·구담봉 삼거리로 되돌아와 이번에는 옥순봉으로 향한다. 서너 번의 내리막과 오르막이 반복되는 숲길이다. 전망은 옥순봉 정상보다 정상에서 왼쪽으로 60m 거리에 있는 전망대가 더 좋다. 전망대에 서면 충주호를 가로지르는 붉은 옥순대교가 손에 잡힐 듯 가깝다. 비취색을 띠

① 구담봉 데크 계단
② 구담봉 전망대 전경
③ 옥순봉 정상석

제천 옥순봉 출렁다리와 옥순대교　　　　　　　옥순대교에서 보이는 옥순봉

는 충주호와 대비되어 더 붉게 보인다. 그 뒤로 거울 같은 물길이 이어진다. 옥순대교 왼쪽으로는 2021년 10월에 개장한 제천 옥순봉 출렁다리가 보인다. 아쉽게도 현재 옥순봉에서 제천 옥순봉 출렁다리로 내려가는 길은 없다. 하산해서 자동차로 이동해야 한다.

옥순봉의 이름을 지은 사람은 퇴계 이황이다. 그보다 옥순봉을 더 잘 설명할 자신이 없어 〈단양산수기〉에 적힌 그의 설명을 옮겨 적는다.

"여러 봉우리를 깎아 세운 것이 죽순(竹筍) 같아서 높이가 천백 장(丈)이나 되며 우뚝하게 기둥처럼 버티고 서 있는데, 그 빛은 푸르기도 하고 창백(蒼白)하기도 하다. 푸른 등나무와 고목(古木)이 우거져 아득하고 침침한데 멀리서 볼 수는 있어도 오르지는 못하겠다. 내가 옥순봉(玉筍峯)이라 이름 지은 것은 그 형상 때문이다."

옥순봉과 구담봉의 현재 모습은 퇴계 이황이 보았던 모습 그대로다. 바뀐 점이 있다면 퇴계 이황이 이곳을 방문했을 때는 옥순봉, 구담봉 아래로 강물이 흐르고 있었던 것이 오늘날에는 충주댐 건설로 인해 충주호가 생겼다는 차이뿐이다.

숲과 호수를 따라 볼거리를 품은 산책길

괴산
산막이옛길
–각시와 신랑길

이동 거리	9.31km
소요 시간	3시간 30분
추천 시기	가을 > 봄

산막이옛길은 괴산호의 푸른 강물과 아름드리 소나무 숲의 환상적인 풍경을 즐기며 걸을 수 있는 산책길이다. 수려한 자연 경관을 따라 망세루, 연리지, 소나무 동산, 호수 전망대 등 명소가 즐비해 걷는 내내 지루할 틈이 없다. 연하협 구름다리부터 이어지는 '각시와 신랑길'은 자연 그대로의 산책로를 유지하고 있어 호수 옆길을 따라 걸으며 괴산호의 아름다움을 만끽할 수 있다. 돌아올 때 유람선을 이용하면 걸을 때는 보지 못했던 괴산호의 색다른 풍경을 감상할 수 있다.

📖 **주변 관광지**
- 문광저수지 +16km
- 문경새재도립공원 +28km

산막이옛길

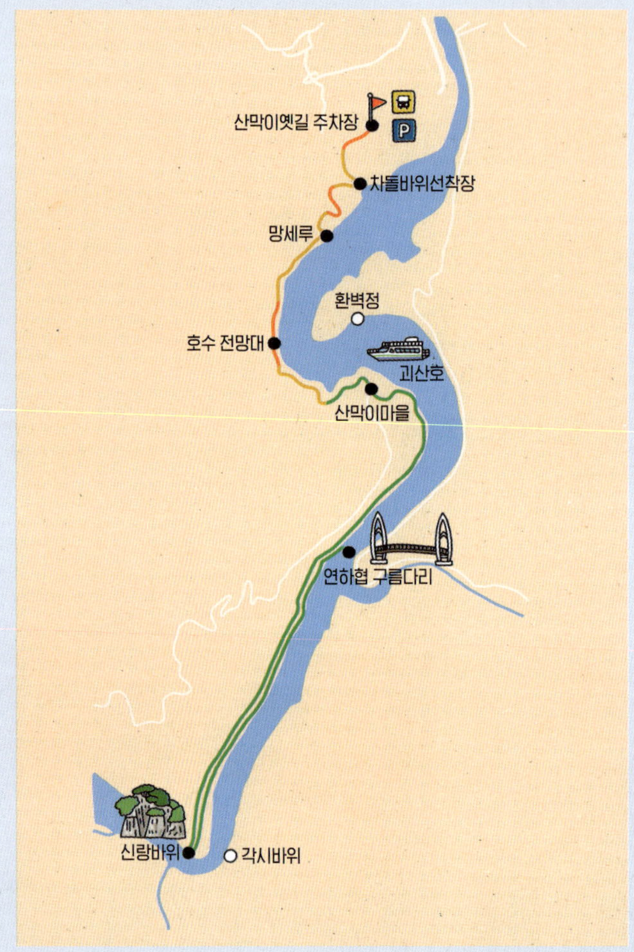

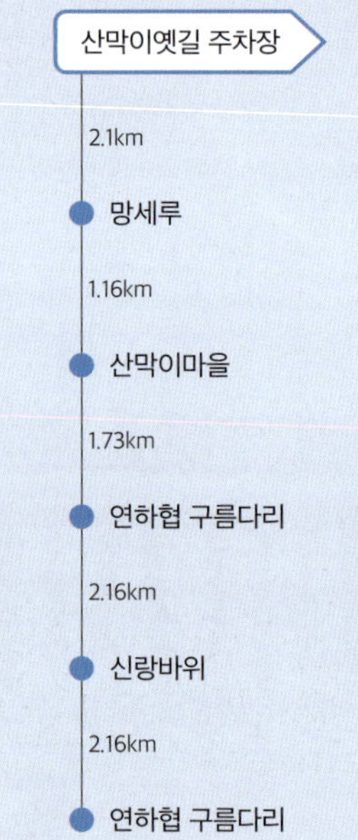

주의 사항

- 각시와 신랑길은 외진 편이어서 동행과 함께 걷는 것이 좋다.
- 유람선을 타기 위해서는 신분증이 필요하다.

🚗 이동 방법

🚗 자동차

목적지: 산막이옛길 주차장

(충북 괴산군 칠성면 사은리 549-4)

🚌 대중교통

괴산시내버스터미널에서 141-1·141-3번 버스 승차 후 '산막이옛길'에서 하차한다.

추천 맛집

🍴 시골집

주소 충북 괴산군 칠성면 산막이옛길 315-3
전화 없음

직접 만든 손두부 맛집으로 손두부해물전골과 손두부김치를 추천한다. 손두부가 고소하고 부드럽다. 여름에는 시원한 열무김치가 인기 있다.

🍴 뚜벅이

주소 충북 괴산군 칠성면 산막이옛길 315-1
전화 043-833-0388

바삭한 녹두파전과 표고버섯, 부추를 넣어 부친 도토리전을 맛볼 수 있다. 특유의 쌉싸름한 맛이 은은하게 감도는 도토리묵과 개운한 국물의 잔치국수도 좋다.

괴산 산막이마을 앞의 달천을 가운데 두고 마을 뒤쪽으로는 천장봉이, 앞쪽으로는 비학산이 장막처럼 마을을 감싼다. 산막이마을은 산이 장막처럼 마을을 둘러싸고 있다고 하여 붙은 이름이고, 산막이옛길은 예전부터 이곳 주민들이 이용하던 길이다.

산막이옛길에 접어들면 가장 먼저 고인돌 쉼터가 반긴다. 쉼터 옆에는 뿌리가 서로 다른 나무의 가지가 한 나무처럼 합쳐진 연리지가 있다. 갈참나무 두 그루가 서로 부둥켜안고 한 몸이 된 모습이 마치 서로를 품어주며 살아가는 듯 보여 아름답다. 쉼터를 지나면 곧바로 소나무동산이다. 둘레길 양옆으로 낮은 돌담이 길을 안내한다. 회색의 돌담길은 수령 40년이 넘는 키 큰 소나무와 어우러져 운치 있는 풍경을 연출한다. 괴산호수에서 불어오는 시원한 바람과 짙은 솔향기를 맡으며 힐링하기 좋다. 소나무동산에 올라서면 서툰 글씨로 적힌 시(詩)가 전시되어 있다. 배움의 기회를 놓친 괴산군 어르신들이 괴산두레학교를 다니며 한글을 배우고 직접 쓴 시다. 하나하나 읽어보면 웃음과 뭉클한 감동이 있다.

1 연리지 2 소나무동산 입구 3 소나무동산 정상에 전시된 시

노루샘에서 오른쪽으로 가면 등잔봉과 천장봉으로 가는 등산로로 이어지고, 왼쪽으로 가면 연꽃이 심어진 연못, 연화담이 나온다. 연못 아래에 커다란 소나무 사이로 괴산호를 바라볼 수 있는 전망대가 망세루(忘世樓)다. 전망대 데크 바닥에 있는 발 모양 그림의 자리에 그대로 서보자. 세상의 모든 시름을 잊을 만큼 멋진 괴산호의 풍경이 그대로 눈에 담긴다.

이어지는 평탄한 둘레길 곳곳에는 이야기를 곁들인 볼거리가 가득하고, 명소마다 안내판이 잘 구비되어 있어 하나씩 찾아 읽어보는 재미도 쏠쏠하다. 걷다가 거대한 당산나무가 보이면 산막이마을에 도착한 것이다. 마을의 애경사를 모두 지켜보았을 200여 년 된 밤나무가 지금은 고사목이 되어 안타깝다. 산막이옛길은 이곳에서 끝난다.

마을을 구경하고 나와 옥빛을 띠는 괴산호와 아름드리 소나무가 늘어선 오솔길을 따라 15~20여 분 걸으면 연하협 구름다리다. 이곳에서 다리를 건너지 않고 신랑바위까지 다녀오는 길이 '각시와 신랑길'이다. 똑같이 괴산호 옆을 걷는 길이지만 산막이옛길이 잘 정비된 길이라면 각시와 신랑길은 자연 그대로의 길이다. 호수 옆을 바짝 붙어 가기 때문에 호수에 잠긴 나무들이 자주 보인다.

1 호수 전망대
2 소나무 오솔길
3 연하협 구름다리

　각시와 신랑길 끝에 다다르면 모래가 오랜 세월 쌓이고 쌓여 만든 섬인 원앙섬이 반긴다. 원앙섬 오른편에는 신랑바위가, 호수 건너편에는 각시바위가 서로를 마주 본다. 두 바위는 각각 전통혼례 때 신랑이 사용하는 사모관대와 각시가 사용하는 족두리의 모양을 한다. 신랑바위와 주변의 푸른 소나무, 바위 앞으로 옥빛 괴산호가 어우러져 만들어내는 풍경은 그 자체로 그림이다.

신랑바위 풍경

　연하협 구름다리로 되돌아와 트레킹을 끝낸 뒤 선착장에서 유람선에 탑승해 산막이옛길 주차장 근처의 차돌바위선착장으로 이동한다. 강을 따라 돌아가면서 걸어서는 볼 수 없던 풍경을 20분 동안 감상할 수 있다. 특히, 산막이마을 맞은편 기암절벽 위에 자리한 환벽정도 또렷하게 보인다. 각시바위와 신랑바위까지 유람하는 경우 1시간 정도 소요된다.

환벽정

바위틈의 비밀 통로를 지나 펼쳐지는 절경

보은 속리산 세조길-경업대

이동 거리	12.53km
소요 시간	4시간 30분
추천 시기	가을 > 봄

법주사에서 세심정에 이르는 세조길은 걷기 편한 산책로다. 산책로 주위에는 울창한 단풍나무가 자리해 가을에는 노랗고 붉은 단풍을 제대로 즐길 수 있다. 속리산 조망처 중 최고의 풍경을 자랑하는 경업대에 서면 경업대를 에워싼 거대한 성벽 같은 속리산의 산줄기가 한눈에 보인다. 경업대 옆에는 커다란 바위 문 사이에 꼭꼭 숨겨진 관음암이 있다. 사람 하나 겨우 지날 수 있는 비밀의 통로인 바위 문을 통과해야만 도달할 수 있다.

🗺 **주변 관광지**

- 솔향공원 +4.9km
- 말티재 전망대 +6km

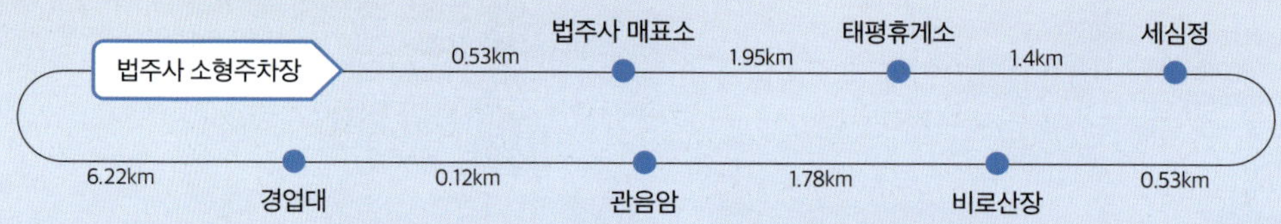

이동 방법

🚗 자동차

목적지: 법주사 소형주차장
(충북 보은군 속리산면 사내8길 26)

🚌 대중교통

보은시외버스터미널에서 511·521번 버스 승차 후 '속리산'에서 하차한다.

추천 맛집

속리토속음식점

주소 충북 보은군 속리산면 법주사로 261
전화 0507-1401-3917

산채정식과 버섯전골이 맛있는 식당이다. 정갈한 반찬과 여러 종류의 산나물과 버섯을 맛볼 수 있다.

경희식당

주소 충북 보은군 속리산면 사내7길 11-4
전화 043-543-3736

불고기전골, 생선구이, 인삼튀김, 홍어찜 등 45여 가지의 반찬이 나오는 한정식이 대표 메뉴다.

법주사 매표소로 들어서면 길이 아스팔트 도로와 자연 관찰로로 나뉜다. 울창한 숲과 야자 매트가 깔린 자연 관찰로로 가자. 걷기 편한 길 바로 옆에는 수량이 풍부하고 폭도 넓은 달천이 흘러 계곡 물소리를 들으며 걸을 수 있다. 자연 관찰로를 따라 20분 정도 걷다 보면 법주사 삼거리다. 법주사는 유네스코 세계문화유산으로 등재된 한국의 산사 일곱 곳 중 하나로 553년(신라 진흥왕 14년) 의신 조사가 창건한 것으로 알려졌다. 의미 있는 곳이지만 해가 지기 전에 관음암까지 다녀오려면 시간이 부족하니 지나친다.

법주사 삼거리부터 세조길을 따라 걷는다. 세조길은 세조가 피부병을 치료하기 위해 속리산 복천암을 방문했을 때 걸었던 길 중 법주사부터 세심정까지의 2.35km 구간이다. 세조길 초입에서 하늘 높이 치솟은 늘씬한 전나무가 반겨준다. 피톤치드 향이 가득해 천천히 걸으며 산림욕을 즐기기 좋다. 세조길 중간 지점에 위치한 태평휴게소부터는 길이 계곡을 끼고 걷는 데크로 바뀐다. 가을이면 계곡과 탐방로 주위로 노랗고 붉은 단풍이 아름답게 물드는 구간이다. 세조가 목욕한 뒤 몸의 종기가 깨끗이 없어졌다고 전해지는 목욕소도 있다. 하지만 아쉽게도 지금은 모래가 많이 퇴적되어 목욕소다운 모습을 찾기 힘들다. 안내판이 없으면 그냥 지나치기 쉽다.

1 자연 관찰로
2 세조길
3 목욕소

세조길은 세심정에서 끝나고 갈림길이 나온다. 왼쪽으로 가면 세조가 3일간 머물렀다는 복천암이 나온다. 관음암으로 가기 위해 오른쪽으로 향한다. 관음암으로 올라가는 계곡길에는 이름 없는 폭포들이 즐비하다. 시원하게 흐르는 폭포수와 계곡 옆으로 기암괴석이 자리해 산길이 지루하지 않다.

상환암 삼거리에서 10~15분 정도 오르면 그림 같은 산장을 만난다. 비로산장으로 고 김태환 선생이 만들었다. 그는 1961년부터 이곳에 기거하며 현재의 산장 모습을 갖추는 데 한평생을 바쳤다. 원래 등산객을 위한 숙소이자 응급 대피소 역할을 했던 산장이다. 현재는 고 김태환 선생의 딸이 산장지기로 있으며 쉼터 역할을 한다.

이곳부터 상고암 삼거리를 지나 금강골휴게소 터까지는 완만한 오름의 계곡길이 이어진다. 금강골휴게소 터 이후부터는 급격한 경사의 돌계단을 올라야 하는데, 이 코스 중에서 가장 힘든 구간이다. 15~20분 정도의 길고 긴 급경사 구간을 다 오르면 관음암과 경업대가 갈라지는 삼거리에 도착한다. 조릿대를 따라 먼저 관음암으로 향한다.

비로산장

30m 정도 진행한 지점에서 막다른 골
목을 만난다. 앞에 집채만 한 바위가 버티
고 있기 때문이다. 천천히 바위 가운데로
다가가면 측면에서는 보이지 않던 바위틈
이 보인다. 이 틈새를 통과해야 관음암에
다다를 수 있다. 틈새 폭은 사람 하나 겨우
지나갈 수 있을 정도로 비좁다. 바위틈을
통과하면 이번에는 바위 계단이다. 계단 시
작점 바로 옆에는 병자호란 때 활약한 임경
업 장군이 마셨다고 전해지는 샘물(장군수)
이 있다. 나선형 바위 계단 끝 지점에 다다
르면 작은 암자가 드디어 모습을 드러낸다.
바위틈 속에 꼭꼭 숨겨진 관음암이다. 뒤로
는 깎아지른 절벽이고, 앞으로는 시야가 탁

[1] 관음암 석문
[2] 관음암 칠층석탑

트여 전망이 좋다. 아름드리 소나무 옆에 자리한 칠층석탑에 서면 법주사 쪽으로
산 그리메가 아득하게 펼쳐진다.

관음암에서 삼거리로 되돌아와 경업대에 오른다. 임경업 장군이 스승인 독보대
사를 모시고 7년 동안 수도했다고 전해지는 곳이다. 경업대 위로 속리산 주 능선이
파노라마로 펼쳐진다. 북동쪽 신선대를 중심으로 오른쪽에 비석처럼 홀로 우뚝 선
입석대와 그 옆으로 비로봉이 우직하게 서 있다. 속리산의 주 능선이 커다란 성벽
처럼 다가온다. 웅장하고 장엄한 산줄기를 넋 놓고 바라보다 천천히 왔던 길로 하
산해 돌아간다.

달도 쉬어가는 봉우리에서 한반도 지형을 보다

영동
월류봉 둘레길

이동 거리	10.1km
소요 시간	4시간 15분
추천 시기	봄 > 가을

깎아지른 절벽 위에 정자와 소나무가 어우러진 한 폭의 진경산수화 같은 풍경을 볼 수 있는 곳이다. 또한 월류봉 제1봉에 오르면 우리나라와 가장 비슷한 한반도 지형을 볼 수 있다. 영동군의 대표 관광 명소인 월류봉의 수려한 경치에서 시작해 금강의 줄기인 석천을 따라 반야사까지 이어지는 월류봉 둘레길은 수채화 같은 풍경으로 유명하다. 봄에 피는 석천 주변의 진분홍 수달래도 빼놓을 수 없는 볼거리다.

주변 관광지

- 노근리평화공원 +5.6km
- 옥계폭포 +30km

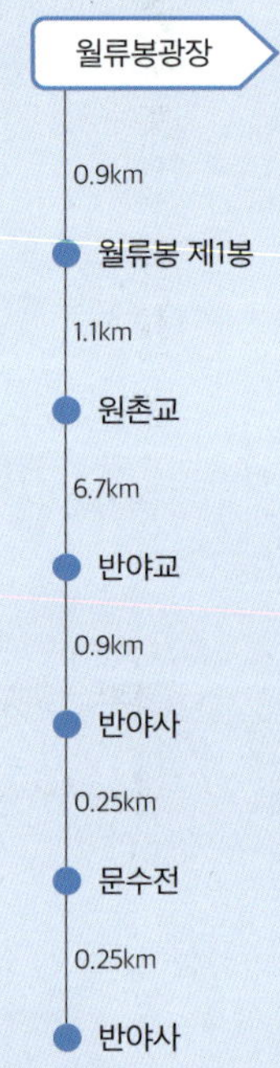

> **주의 사항**
> • 월류봉광장부터 반야사에 이르는 길에는 편의점 및 음식점이 없다. 미리 물과 점심 식사를 준비해야 한다.
> • 반야사에서 돌아갈 때는 오가는 버스가 없어 황간택시(043-742-4157)를 이용해야 한다.

이동 방법

🚗 자동차

목적지: 월류봉 주차장
(충북 영동군 황간면 원촌동1길 47)

🚌 대중교통

황간시외버스터미널에서 농어촌버스 543·613번에 승차한다. '원촌' 하차 후 500m(도보 8분) 이동한다. 버스가 몇 대 없어 택시 이동을 추천한다.

추천 맛집

🍴 한천가든

주소 충북 영동군 황간면 원촌동1길 52
전화 043-744-9944

칼칼한 민물매운탕과 능이백숙 맛집이다. 능이백숙은 능이, 밤, 대추, 마늘 등이 들어가 국물이 진하고 개운하다.

🍴 안성식당

주소 충북 영동군 황간면 영동황간로 1618
전화 043-742-4203

수제비가 들어간 올뱅이(다슬기)국밥과 미나리, 부추, 올뱅이가 가득한 비빔밥이 맛있다. 70여 년을 이어온 식당이다.

코스의 들머리인 월류봉광장에 서면 광장 건너편으로 월류봉이 보인다. 달도 쉬어간다는 월류봉의 제1봉이 하늘 높이 우뚝 솟아 있고, 밑으로는 월류봉을 휘감아 도는 초강천이 흐른다. 월류봉은 여섯 개의 바위 봉우리로 이루어져 있다. 봉우리 순서대로 제1봉, 제2봉으로 불리는데 마지막 봉우리는 제5봉이다. 제4봉과 제5봉 사이에 삼각점봉이 있기 때문이다. 해발 400.7m의 제1봉에서 시작한 바위 절벽은 초강천으로 주저 없이 내리꽂힌다. 한 번에 떨어지기에는 너무 급했는지 3단으로 나뉘어 거대한 수직 절벽을 이룬다. 그 절벽 끝자락에 월류정이 수려한 자태를 뽐내며 앉아 있다. 광장 오른쪽으로 징검다리가 있어 초강천을 건너 월류정 주변의 백사장을 잠시 거닐 수 있으나 월류정까지는 갈 수 없다.

월류봉 둘레길은 월류봉광장과 반야사를 잇는 8.4km 둘레길이다. 둘레길만 걸어도 좋지만 한반도 지형을 보기 위해 월류봉 제1봉 옆 전망대에 올라 둘레길 외에 왕복 1.2km를 더 걷는다. 월류봉광장에서 반야사 쪽으로 진행하면 징검다리가 나온다. 징검다리 이후의 길은 경사가 심해 오를 때는 30분, 내려올 때는 20분 정도 소요된다. 제1봉 옆에 있는 전망대에 서면 S자를 그리며 휘어나가는 초강천과 초강천 뒤로 한반도 지형을 닮은 산줄기를 볼 수 있다. 한반도 지형 외에도 산과 산 사이로 형성된 U자형 들판을 볼 수 있어 왕복 50분을 투자할 만한 가치가 있다.

1 월류정 풍경
2 월류정과 징검다리

[1] 원촌교 주변의 수변 데크 [2] 월류정 근처에 핀 수달래

징검다리로 되돌아와 월류봉 둘레길을 이어간다. 초강천과 석천이 만나는 지점에 원촌교가 있다. 이곳부터는 석천을 따라 반야사까지 걷는다. 원촌교를 지나면 석천 오른쪽으로 바위 절벽이 길게 늘어서 있다. 바위 절벽과 석천 사이에는 수변 데크가 설치되어 있어 수채화 같은 주변 풍경을 감상하며 안전하게 바위 지대를 통과할 수 있다. 특히 봄에는 주변 바위 지대에 진분홍의 수달래가 만개해 장관을 이룬다.

바위 지대를 통과하면 완정교다. 완정교를 건너 이번에는 석천 왼쪽에 설치된 데크를 걷는다. 석천 건너편으로 계단 모양의 평야 지대에 자리 잡은 시골 마을의 목가적인 풍경이 펼쳐진다. 빨간색이 인상적인 아치교에서 주변 전경을 감상하며 잠시 쉬어간다. 이후 석천 옆 시멘트길을 따라 우매리를 통과한다. 이 구간은 그늘이 전혀 없어 시멘트에서 올라오는 복사열이 뜨겁다.

반야사를 0.9km 남겨둔 지점에 위치한 반야교는 반야사를 품은 백화산과 주행봉으로 가기 위한 길목이다. 이곳에서 두 갈래로 갈라진 길은 반야사에서 만난다. 관음전을 거쳐 반야사까지 가는 숲길과 석천을 끼고 반야사까지 가는 흙길 중 선택해야 한다. 둘 중 잘 닦여진 흙길로 가는 것을 추천한다. 반야사를 오가는 자동차가 지나다니지만, 석천 양쪽으로 울창한 버드나무가 자라고 있어 연초록의 향연을 볼 수 있다. 버드나무 사이로 햇살을 받아 퍼지는 석천의 반짝이는 윤슬을 보며 걸으면 금세 반야사에 닿는다.

반야사의 경내 극락전 앞에 선다. 반야사를 여름철 100일 동안 붉게 물들이는 배롱나무와 보물로 지정된 삼층석탑이 반긴다. 삼층석탑은 백제와 신라의 석탑 양식을 절충해 건립된 고려 시대 석탑이다. 석탑 앞에서 백화산 자락을 바라보면 산자락에 돌무더기가 가득한데 그 모양이 꼬리를 치켜든 호랑이의 모습과 비슷하다. 대웅전 옆에 놓인 계단을 따라 10분 정도 급경사를 오르면 벼랑 끝에 간신히 서 있는 문수전이 보인다. 전각을 제외하면 사람 하나 겨우 지나다닐 만한 공간뿐이며, 난간 밑은 수직 절벽이다. 아찔한 만큼 그 앞으로 절경이 펼쳐진다. 백화산의 웅장한 산세와 발아래로 굽이치는 계곡의 모습이 한눈에 들어온다. 넋을 놓고 한참을 바라보아도 질리지 않는다. 풍경을 충분히 감상한 후 반야사로 내려와 따듯한 차 한잔을 마시면서 황간택시를 부른다. 택시를 타고 들머리인 월류봉광장으로 되돌아가 트레킹을 마친다.

문수전 전망

안전하게 즐기는 기암괴석의 바위 능선

홍성 용봉산

이동 거리	5.52km
소요 시간	3시간
추천 시기	가을 > 봄

작은 금강산이라 불리는 충남 홍성의 용봉산은 기암괴석과 암릉으로 유명하다. 수려한 풍경을 뽐내지만 산이 높지는 않아 남녀노소 누구나 즐기기 좋다. 용봉산자연휴양림에서 20분만 오르면 기암괴석과 노송이 어우러진 산수화 같은 풍경을 만날 수 있다. 바위 능선 곳곳에는 각각의 동물과 사물의 모습을 닮은 바위들이 반긴다. 사자바위, 물개바위, 용바위, 솟대바위 등 이루 헤아릴 수 없이 많은 기암이 즐비하다.

🗺️ 주변 관광지

• 홍주읍성 +5.4km

• 수덕사 +8.9km

이동 방법

🚗 자동차

목적지: 용봉산 무료주차장
(충남 홍성군 홍북읍 신경리 1730)

🚌 대중교통

홍성종합터미널에서 901·915번 버스 승차 후 '용봉산 입구'에서 하차한다.

추천 맛집

🍴 황금코다리(홍성점)

주소 충남 홍성군 홍북읍 용봉산1길 18
전화 041-633-4455

매콤하고 감칠맛 나는 양념이 일품인 코다리조림 전문점이다. 시래기를 추가한 조합을 추천한다.

🍴 별난버섯집

주소 충남 홍성군 홍북읍 용봉산1길 1
전화 041-632-8255

추천 메뉴는 버섯전골로 버섯별로 향과 식감이 달라 골라 먹는 재미가 있다. 매운 정도를 선택할 수 있다.

용봉산 무료주차장에서 용봉산자연휴양림으로 걸어가다 보면 휴양림 뒤로 거대한 바위 능선이 남북으로 길게 늘어선 모습이 눈에 들어온다. 마치 용의 등줄기 같은 수려한 모습이지만 해발 381m의 낮은 산이어서 바위 능선이 손에 잡힐 듯이 가깝다.

용봉산자연휴양림 매표소를 지나 돌계단을 따라 10분 정도 오르면 암릉이 시작된다. 암릉을 따라 설치된 첫 번째 난간을 따라 오르면 탁 트인 전망이 나타난다. 얼마 오르지도 않았는데 탐방로 뒤로 내포신도시와 충청남도 도청의 모습이 한눈에 내려다보인다. 바위 지대의 푸르른 소나무가 붉은 난간과 색의 대비를 이루어 더 푸르게 보인다. 바로 옆 노적봉에서 흘러내린 바위 능선에는 다양한 형태의 기암들이 저마다의 아름다운 자태를 뽐낸다. 바위만 봐도 이곳을 왜 '호서의 금강산', '작은 금강산'이라고 부르는지 알 수 있다.

용봉산 정상석이 있는 최고봉은 주변의 나무로 인해 전망이 좋지는 않다. 정상석 인증 사진을 찍고 곧바로 노적봉으로 향한다. 소나무 숲을 통과하면 노적봉에

첫 번째 난간의 전망

① 사지바위 주변의 기암들 ② 용봉산 정상석 ③ 노적봉 정상의 소나무

서 악귀봉으로 이어지는 바위 능선길이 나타난다. 능선의 기묘한 바위들과 소나무가 절묘한 조화를 이루고 있어 용봉산 절경 중 가장 으뜸이다. 노적봉은 바위 지대지만 난간과 계단이 설치돼 큰 어려움 없이 정상을 오르내릴 수 있다. 다만, 계단이 가팔라 주의하며 걸어야 한다. 정상의 커다란 바위에는 옆으로 자라는 소나무가

물개바위

있다. 바위 틈새에서 자라 분재처럼 키가 작으나, 수령은 100년을 넘어 용봉산의 보물로 여겨진다. 물개바위가 있는 악귀봉 정상은 노적봉과 마찬가지로 바위 지대다. 바위 지대를 오르기 전 왼쪽으로 나아 있는 길을 따르면 악귀봉 전망대가 나온다. 정상에서 30m 정도 떨어진 곳으로 이곳에 서면 예산군 덕산면 둔리저수지와 저수지 양

옆으로 솟아오른 수암산과 덕숭산을 볼 수 있다. 덕숭산 아래에 자리한 수덕사가 어렴풋이 보인다.

악귀봉 옆 구름다리를 건너 삽살개바위를 구경하고 나면 급격한 내리막길이다. 데크 옆 철 난간을 잡고 안전에 유의하며 바위 지대를 내려오면 임간휴게소에 도착한다. 휴게소라는 이름을 가지고 있지만, 평상과 벤치만 있는 단순한 쉼터다. 이곳에서 두 갈래로 길이 나뉜다. 오른쪽 길로 빠지면 곧바로 용봉사로 내려가지만 다양한 기암과 멋진 경치를 더 감상하기 위해 직진한다. 능선을 따르던 길은 용바위에서 오른쪽

1 용바위
2 용봉사에서 바라본 병풍바위

길로 꺾어 병풍바위를 향해 간다. 병풍바위에 서면 정면으로 지나온 용봉산의 바위 능선과 왼쪽으로 내포신도시가 보인다. 회색의 바위 능선과 빽빽하게 늘어선 회색의 아파트 단지가 묘하게 잘 어울린다. 병풍바위에서 능선을 따라 곧장 걸으면 구룡대 매표소지만 오른쪽 길로 진행해 용봉사 경내에서 병풍바위를 다시 한번 감상하자. 대웅전 앞마당에 서면 대웅전 지붕과 요사채 지붕 사이로 병풍바위가 보이는데, 대웅전 뒤로는 푸르른 소나무가 대웅전을 감싸고 있어 색다른 풍경을 연출한다. 지나가는 길에 일주문 근처의 용봉사 마애불을 보고 구룡대 매표소를 지나 주차장으로 돌아온다.

개심사를 물들이는 겹벚꽃과 청벚꽃

서산
강댕이미륵불
-개심사

이동 거리	9.75km
소요 시간	3시간 30분
추천 시기	봄 > 가을

백제의 미소로 불리는 서산 마애여래삼존상 인근
에는 백제의 숨결과 향기가 그윽한 보원사지가 있
다. 겹벚꽃이 피는 봄날, 폐사지 뒤편의 겹법꽃 나
무 아래에 서면 고즈넉한 보원사지를 만날 수 있
다. 맨발로 걸어도 좋은 천년미소길에는 숲 사이
로 반짝이는 봄 햇살이 가득해 여유롭게 산책하
며 힐링하기 좋다. 연분홍의 겹벚꽃과 우리나라에
서는 쉽게 보기 힘든 청벚꽃이 피는 개심사는 봄
날에 가장 아름다운 사찰이다.

주변 관광지

- 서산유기방가옥 +7km
- 해미읍성 +14.4km

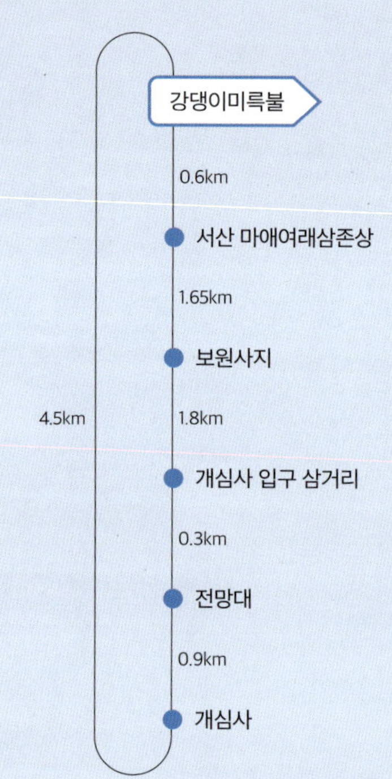

> **주의 사항**
>
> 겹벚꽃과 청벚꽃이 피는 시기에는 차가 많이 밀려 아침 일찍 방문하는 것이 좋다.

이동 방법

🚗 자동차

목적지: 강댕이미륵불

(충남 서산시 운산면 마애삼존불길 24)

※고풍저수지 쪽으로 150m 떨어진 곳에 주차장이 있다.

🚌 대중교통

서산공용버스터미널에서 480번 버스 승차 후 '용현2리(고풍저수지 앞)'에서 하차한다.

추천 맛집

🍲 용현집

주소 충남 서산시 운산면 마애삼존불길 66

전화 041-663-4090

서산 마애여래삼존상 입구에 있는 유일한 식당이다. 얼큰한 어죽이 인기 있다.

🍲 연희추어탕

주소 충남 서산시 운산면 장벌1로 24

전화 041-663-4654

고소하면서도 구수한 추어탕 맛집이다. 바삭한 미꾸라지 튀김도 맛보면 좋다.

코스의 들머리는 서산시 운산면 고풍저수지 앞의 강댕이미륵불이다. 이곳은 서산 아라메길 중 천년미소길이 지나가는 지점이자 내포문화숲길 중 내포불교순례길 4~6코스가 갈라지는 지점이기도 하다. 강댕이미륵불은 용현계곡 입구 한쪽 귀퉁이에 자리해 잘 보이지 않는다. 원래 고풍저수지 상단부 안에 있었으나 저수지가 들어서면서 물에 잠길 위험이 생겨 현재의 위치로 옮겼다. 미륵불이 오른팔을 올려 가슴에 붙이고 왼팔은 구부려 배 위에 댄 모습이 특징이다.

이어 만나는 서산 마애여래삼존상은 '백제의 미소'로 잘 알려져 있다. 국보이자 우리나라에서 발견된 마애불 중 최고의 작품으로 손꼽힌다. 빛이 비추는 방향에 따라 웃는

서산 마애여래삼존상

모습이 각기 다른데, 이 빛의 방향은 태양 고도와 시간의 영향을 많이 받는다. 얼굴 가득 자애로운 미소를 띤 백제인의 온화하고 낭만적인 모습을 보려면 여름철 오전 10시 15분부터 10시 30분 사이에 방문하는 것이 좋다. 이 신비로운 미소 덕분에 이 길을 천년미소길이라고 이름 붙였다.

용현계곡을 따라 보원사지로 이동한다. 여름에는 울창한 숲이, 가을에는 단풍이 아름다운 길이다. 보원사지에 도착하면 당간 지주 사이로 보원사지 오층석탑이 아련하게 보이고, 그 뒤로 법인국사탑과 탑비가 자리한다. 당간 지주 오른쪽으로는 석조가 있다. 이 다섯 점은 우리나라 보물로 지정되었다. 보원사지의 창건 연대는 정확하게 알 수 없으나 통일신라 시대 이전부터 존재했던 것으로 추정된다. 고려

① 서산 아라메길 이정표
② 소나무 숲길

광종 때는 법인국사 탄문 스님이 파견될 정도로 큰 사찰이었다. 조선 전기 이후 사세가 줄어들다가 폐사된 것으로 보인다.

보원사지에서 개심사로 가기 위해서는 서산 아라메길 이정표를 따라야 한다. 능선을 만나기 전까지는 평지 구간이 거의 없이 계속 올라간다. 오름길이 끝나면 '서산 아라메길' 안내도를 만난다. 이 안내도부터 개심사 입구 삼거리까지 이어지는 부드러운 흙길은 맨발로 걸어도 될 정도로 폭신하다. 길 양옆으로는 연초록의 작은 나무들과 하늘 높이 솟은 소나무가 울창한 숲을 이루며 피톤치드를 내뿜는다. 개심사 입구 삼거리에서 300m 떨어진 전망대를 먼저 들렀다가 개심사로 향한다. 참고로 봄, 여름철에는 나뭇잎이 무성해져 전망대에서 탁 트인 풍경을 볼 수 없다.

개심사 경내로 들어서기 위해서는 거울 연못이라는 뜻의 '경지(鏡池)'를 지나야 한다. 여름이면 경지 주변에 붉은 배롱나무가 화려하게 펴 가운데의 외나무다리에서 인증 사진을 많이 찍는다. 개심사는 꽃피는 계절에 가장 아름답다. 특히 겹벚꽃과 청벚꽃으로 유명한데, 이에 앞서 일반 벚꽃이 먼저 화사하게 개화한다. 또한 휘어진 나무 기둥을 그대로 사용한 심검당 앞 정원에는 자목련과 박태기나무가 있어 은은하고 화사한 진분홍 꽃을 장식한다. 절을 가득 메운 분홍 꽃들을 따라 천천히 절을 둘러본 뒤 큰 법당을 지나 명부전으로 향한다. 명부전 앞마당에 우리나라에

1 개심사의 벚꽃 2 심검당 3 개심사

서 유일무이한 청벚꽃이 있다. 나뭇가지를 늘어뜨린 청벚꽃은 청순하기 그지없다. 명부전의 단청과 청벚꽃의 연한 푸르름이 잘 어울린다. 벚꽃 감상을 충분히 한 뒤 따듯한 봄날의 햇살을 받으며 왔던 길로 되돌아간다.

피로도가 높은 경우 들머리로 돌아갈 때 개심사에서 택시를 이용할 수 있다. 다만, 벚꽃 시즌에는 차량 정체로 택시 이용이 거의 불가능하다. 대중교통 이용 시에는 개심사 주차장 근처 버스 정류장에서 522번 버스에 승차하면 서산공용버스터미널까지 바로 갈 수 있다.

청벚꽃

겹벚꽃

바다와 사막이 공존하는 서해안의 보물

태안 해변길
1코스(바라길)

이동 거리	9.7km
소요 시간	4시간
추천 시기	가을 > 봄

'한국의 사하라 사막'이라고 불리는 모래 언덕이 태안 해변에 있다. 전체 길이 약 3.4km에 이르는 대규모의 모래 언덕 신두리해안사구다. 태안 바라길을 걸으면 신두리해안사구와 동해 같은 에메랄드빛 바다를 바라보며 서해의 절경을 감상할 수 있다. 드넓고 깨끗한 모래사장의 학암포를 시작으로 바닷가를 따라 걷다 보면 다양한 형태의 기암이 반겨준다. 아름다운 해변과 해변을 이어주는 바닷길에는 울창한 소나무가 가득해 향기로운 솔향기를 맡으며 트레킹을 즐길 수 있다.

🗺 **주변 관광지**
- 만리포해수욕장 +12km
- 천리포수목원 +13km

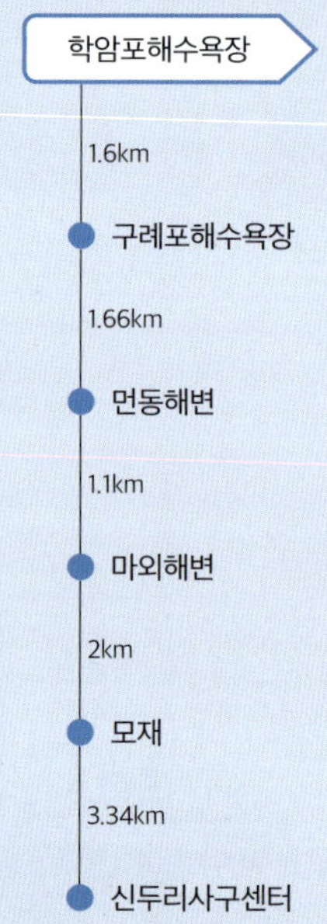

주의 사항

바닷가라 그늘이 없고 바람이 강하다. 자외선 차단제와 챙이 있는 모자, 바람막이 외투를 꼭 챙기자.

이동 방법

🚗 자동차

목적지: 학암포해수욕장 공중화장실
(충남 태안군 원북면 옥파로 1163-27)

🚌 대중교통

태안공영버스터미널에서 300·301번 버스 승차 후 '학암포'에서 하차한다.

추천 맛집

🍴 학암포바다회수산

주소 충남 태안군 원북면 옥파로 1160-1
전화 041-674-0232

바지락칼국수를 추천한다. 건새우와 황태가 들어간 칼국수는 시원하고 담백하면서 감칠맛도 난다.

🍴 카페49

주소 충남 태안군 원북면 신두해변길 201-43
전화 041-675-9990

피자와 파스타 같은 식사 메뉴가 있는 카페다. 해물크림스파게티를 추천하며 오션 뷰 좌석이 있다.

동해처럼 고운 모래사장을 가진 학암포해수욕장이 태안 해변길 1코스인 바라길의 들머리다. 학암포탐방지원센터에 서면 넓고 깨끗한 학암포해수욕장을 한눈에 볼 수 있다. 800m 정도의 모래사장이 끝나면 뾰족하게 솟아 저마다의 자태를 뽐내는 바위 지대를 통과한다. 모래사장과 바위 지대 경계선에서 묘한 대비를 이루는 두 곳의 풍경을 눈에 담는다. 서해라고는 생각하기 어려울 만큼 고운 빛을 내는 에메랄드빛 바다가 인상적이다.

야트막한 산 하나를 넘으면 푸른 소나무와 넓고 고운 백사장이 끝없이 펼쳐진 구례포해수욕장을 만난다. 넓다는 의미를 가진 '구례'라는 이름에 걸맞다. 소나무 숲과 모래사장 가운데 지점에 데크가 깔려 있어 걷기 편하다. 데크길은 구례포해수욕장 중간 지점에서 끝나고 이후부터는 해수욕장을 걷는다. 길게 늘어선 해변을 따라 모래 포집기가 설치되어 있다. 가는 나무를 여러 개 겹쳐 만든 바람막이로 겨울철 모래 이동 시 바람의 저항체로 작용하여 모래 퇴적을 유도한다. 구례포해수욕장의 끝까지 이동하면 주변에는 이정표와 탐방로가 보이지 않아 어디로 가야 할지 잠시 머뭇거리기 쉽다. 커다란 바위 뒤에 산으로 이어지는 탐방로가 숨어 있다. 해변 끝 지점 산길을 따라 해안을 벗어나 대여섯 가구가 사는 마을을 통과하면 먼동해변이 나온다.

① 학암포해수욕장 바위 지대
② 구례포해수욕장 데크길
③ 구례포해수욕장 모래 포집기

1 왼쪽이 꼬깔섬, 오른쪽이 거북바위 2 먼동해변 전망대 전경 3 마외해변

먼동해변은 드라마로 유명해진 곳이다. 과거에는 '암매'라는 지명으로 불리다 1993년 KBS 드라마 〈먼동〉의 촬영지로 유명해지자 먼동해변으로 이름이 바뀌었다. 이후에도 아름다운 해안선과 해변 한쪽에 자리한 기암의 수려한 풍경 덕분에 여러 드라마를 이곳에서 촬영했다. 겨울철에는 거북바위와 꼬깔섬 사이로 떨어지는 붉은 낙조로도 인기가 있다.

먼동해변을 지나 바라길은 해안을 한참 벗어난 솔숲으로 이어진다. 바라길 중간중간에 있는 이정표는 목적지인 신두리해안사구까지의 남은 거리가 늘었다 줄었다를 반복한다. 거리에 대해 일관성이 없는 이정표이므로 방향만 확인하고 거리는 믿지 말자. 소나무 숲을 내려오면 마외해변이다. 한적한 작은 해변으로 모래사장과 양쪽으로 기암절벽이 자리해 잠시 앉아서 고즈넉한 풍경을 감상하기 좋다. 해변에 자리한 능파사를 지나 시멘트 임도와 소나무 숲을 지나면 모재 전망대다. 모재에 못 미쳐 설치한 전망대는 소나무로 인해 전망은 좋지 않지만 덕분에 바닷바람이 불지 않아 쉬어가기 좋다.

모재를 지나 언덕 같은 산을 하나 넘으면 신두리해안사구에 다다른다. 신두리 해안사구는 길이 3.4km, 폭 0.5~1.3km에 이르는 엄청난 규모의 모래 언덕이다. 천연기념물로 지정되어 나라의 보호를 받아 출입이 제한된다. 신두리해안사구를 통과해야 날머리인 신두리사구센터까지 갈 수 있으므로 사구 구간을 걸을 때는 개방 시간(3~10월 09:00~18:00, 11~2월 09:00~17:00)을 꼭 기억해야 한다.

600m에 이르는 소나무 터널을 지나면 억새 군락이 사구와 함께 이국적인 풍경을 자아낸다. 신두리해안사구 시작점에서 30분을 걸어야 순비기언덕에 도착한다. 언덕 바로 옆에 있는 전망대에서 서면 해안사구 옆 해변이 그림처럼 펼쳐진다. 이곳 모래 언덕은 바닷물 안에 잠겨 있던 모래가 썰물일 때 햇볕에 마르면서 북서풍을 타고 날리다가 해안 주변에 쌓여 형성되었다. 우리나라에서는 거의 볼 수 없는 풍경이라 이채롭다. 순비기언덕에서 사막 같은 모래 언덕을 거쳐 신두리사구센터로 향하며 트레킹을 마무리한다. 들머리로 되돌아가야 하는 경우 대중교통이 없으니 택시로 12km를 이동한다.

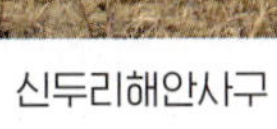
신두리해안사구

해안 절벽을 따라 이어지는 짙은 소나무 숲

태안 솔향기길 1코스

이동 거리	9.94km
소요 시간	4시간
추천 시기	봄 > 가을

태안 솔향기길 1코스에 가면 아름다운 해변과 울창한 소나무 숲이 어우러져 바다와 산림욕을 함께 즐길 수 있다. 또한 해변 곳곳에 기기묘묘한 바위와 기암절벽이 자리해 태안 바다의 절경을 맛볼 수 있다. 용이 승천했다는 용난굴 주위에는 망부석, 곰바위, 거북바위, 손바닥바위 등 자연이 만든 신비한 모습의 바위가 즐비하다. 전망이 뛰어난 가마봉 전망대에 서면 덕적도와 인천대교까지 한눈에 들어와 서해의 멋진 풍경을 조망할 수 있다.

🗺 **주변 관광지**

- 학암포해수욕장 +19km
- 신두리해안사구 +25km

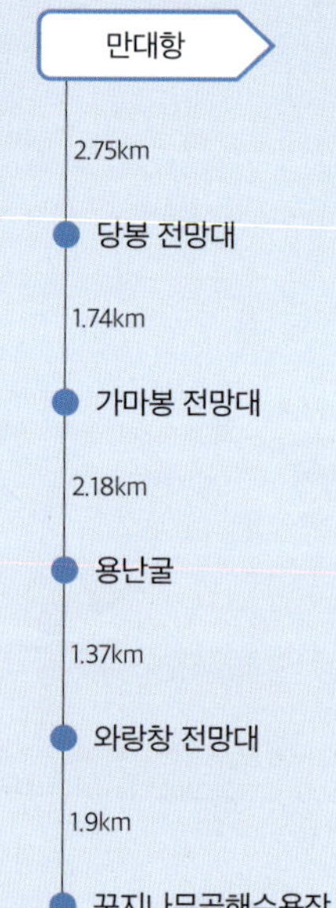

주의 사항

- 바닷가라 바람이 강하므로 바람막이 외투와 보온용 의류, 액세서리 등을 꼭 챙기자.
- 밀물 때는 일부 길을 우회해야 하므로 물때를 잘 맞춰야 한다.

이동 방법

🚗 자동차

목적지: 만대항

(충남 태안군 이원면 내리 41-10)

🚌 대중교통

태안공영버스터미널에서 농어촌버스 400번에 승차한다. '내2리·만대기지 입구(만대항)' 하차 후 500m(도보 7분)를 이동한다.

추천 맛집

🍴 만대회수산

주소 충남 태안군 이원면 원이로 2969
전화 0507-1377-0108

자연산 회도 맛나지만, 가짓수가 많은 밑반찬도 맛깔스럽다. 제철 음식인 쭈꾸미도 좋다.

🍴 꾸지나무골회수산

주소 충남 태안군 이원면 꾸지나무길 81-26
전화 041-674-7850

활어 회 전문점이지만 물회와 회덮밥도 좋다. 시원하고 새콤달콤한 물회에는 싱싱한 회가 많이 들어간다.

태안 솔향기길은 2007년 12월 7일 허베이 스피리트호 유조선과 삼성중공업 크레인 바지선이 충돌하면서 원유가 태안 인근 해역으로 유출된 사고와 관련이 깊다. 원유로 뒤덮였던 바위, 자갈, 모래를 하나하나 닦기 위해 전국에서 123만 명에 이르는 자원봉사자가 태안 해변에 모였다. 자원봉사자들이 태안 해변의 가파르고 위험한 산길을 편안하게 다닐 수 있도록 차윤천 선생이 길을 냈는데, 이 길이 모태가 되어 탄생한 길이 솔향기길이다.

솔향기길 1코스는 해안 데크로 시작된다. 밀물 때를 대비해 데크 중간 지점에는 산으로 올라가는 우회로가 있다. 해안 데크가 끝나면 작은구매, 삼형제바위, 큰구매가 차례대로 나타난다. 큰구매를 지나면 탐방로는 해안가를 벗어나 산등성이로 이어진다. 깎아지른 해안 절벽 숲에는 소나무가 빼곡하다. 짙은 소나무 향 너머로 넘실대는 파도 소리를 들으며 여유롭게 걷기 좋은 길이다.

산등성이를 반복해서 오르고 내리다 당봉 전망대에서 잠시 쉰다. 전망대에 서면 울도, 지도, 선갑도, 문갑도, 덕적도가 한눈에 보인다. 이곳은 서해에서 일출을 볼 수 있는 몇 안되는 장소 중 하나로 매년 1월 1일, 일출을 보려는 사람들로 붐빈다. 솔숲 사이로 들어오는 따스한 햇볕과 함께 해안 절벽길을 계속 이어간다. 푸르른 소나무 숲, 신비한 바위들이 가득한 해안, 갯바위 사이로 하얀 물거품을 일으키며 파도치는 서해의 모습은 그야말로 절경이다. 솔향기길 1코스에서 만나는 대부분의 해변은 짧은 모래사장 양쪽으로 수려한 절벽이 서 있거나, 기암으로 가득하다. 곳곳이 서해의 자연이 만든 천연 조각공원이다.

당봉 전망대에서 가마봉 전망대로 가는 길

① 여섬 전망대에서 바라본 여섬 ② 가마봉 전망대 ③ 용난굴

바닷가로 이빨처럼 날카롭게 돌출된 칼바위를 보고 가마봉 전망대에 도착한다. 솔향기길을 개척한 차윤천 선생의 조각상이 전망대의 벤치에 앉아 환하게 웃으며 탐방객을 맞이한다. 서남쪽 소나무 사이로 여성의 옆얼굴과 비슷한 모양의 여섬이 보인다. 빽빽한 소나무 숲을 통과해 여섬 전망대에 선다. 썰물 때는 해변으로 내려가 여섬까지 걸어갈 수 있으나 밀물 때는 전망대에서 보는 것으로 만족해야 한다. 대신 바다 유속이 빨라져 파도가 여섬 주변의 기암들을 넘으며 생기는 하얀 물보라가 장관이다.

펜션과 카페가 있는 해변을 지나 이어지는 해안길은 용난굴로 연결되는데, 썰물 때만 이용할 수 있다. 밀물 때는 마을 도로와 임도를 따라 크게 우회해야 한다. 용이 승천한 동굴이라는 의미의 용난굴은 30m 깊이로 차윤천 선생이 맨손으로 동굴 안에 있는 돌과 모래를 파내어 정비했다. 해안길과 마찬가지로 이곳도 썰물일 때만 구경할 수 있다. 물때를 잘 맞추어 방문하자.

와랑창 전망대

산등성이를 몇 차례 오르내리면 와랑창 전망대다. 전망대 인근 해저 동굴에 창이 있어 작은 물결에도 파도 소리가 '와랑와랑' 하고 크게 울린다고 하여 왕랑창이다. 전망대에서 해저 동굴은 잘 보이지 않고, 와랑창을 지킨다는 독수리바위가 또렷하게 보인다. 바위 절벽 위 소나무로 둘러싸인 전망대로 솔향기길 1코스에서 가장 아름다운 바다 풍경을 자랑한다.

날머리인 꾸지나무골해수욕장은 푸른 소나무 숲이 해수욕장과 닿아 있어 여름철 피서 외에도 솔숲 캠핑으로 인기가 있다. 해수욕장에서 휴식한 뒤 꾸지나무길을 따라 1.3km를 이동해 '내3리' 정류장으로 간다. 이곳에서 들머리인 만대항이나 태안공영버스터미널로 가는 버스에 승차해 돌아간다.

PART
5
전라도 트레킹

비경을 품은 고군산군도의 섬을 걷다

군산 선유도 -대장도

이동 거리	10.3km
소요 시간	4시간 10분
추천 시기	봄 > 가을

신선이 노닐었다는 군산 선유도는 고군산군도를 대표하는 섬으로 명사십리를 비롯해 천혜의 비경을 간직한 명소가 많다. 선유도에 있는 대봉 전망대에 올라서면 하트 모양으로 유려하게 휘어지는 백사장과 저 멀리 장자도와 대장도까지 한눈에 조망할 수 있다. 하지만 선유도, 장자도, 대장도를 연결하는 이 트레킹의 백미는 대장봉에서 보는 전경이다. 장자도를 시작으로 서해 바다 위에 우뚝 솟아 있는 선유봉과 망주봉, 대봉 전망대 그리고 섬과 섬을 잇는 대교들이 파노라마로 펼쳐져 다도해의 진면목을 볼 수 있다.

🗺 **주변 관광지**

• 방축도 독립문바위 +5km

• 국립신시도자연휴양림 +6.3km

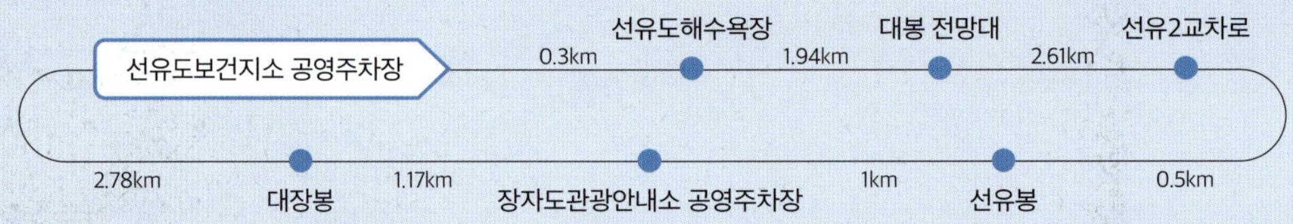

이동 방법

🚗 자동차

목적지: 선유도보건지소 공영주차장
(전북 군산시 옥도면 선유북길 74-11)

🚌 대중교통

군산시외버스터미널에서 7·8·9번 버스 승차 또는 기차 군산역에서 7번 버스에 승차한다. '비응항환승장' 하차 후 99번 버스로 환승해 '선유도'에서 내린다.

추천 맛집

♨ 선유도짬뽕

주소 전북 군산시 옥도면 선유북길 117
전화 063-461-2010

짬뽕과 짬뽕밥, 짜장면이 대표 메뉴다. 바닷가답게 해산물이 듬뿍 들어간 짬뽕을 맛볼 수 있다.

♨ 장자도호떡마을(1호점)

주소 전북 군산시 옥도면 장자도1길 75-1
전화 0507-1335-3627

장자도의 별미는 호떡이다. 이곳에서는 다양한 종류의 맛좋은 호떡과 2층 테라스의 멋진 바다 풍경을 즐길 수 있다.

선유도는 예전에는 섬이었으나 고군산대교가 개통되면서 육지와 연결되어 여타 섬과 달리 주차 시설과 숙박업소, 식당 등 관광객을 위한 편의 시설을 잘 갖추고 있다. 다리로 이어진 선유도, 장자도, 대장도를 연계한 코스로 산과 바다를 다채롭게 즐길 수 있다.

선유도에서 제일 먼저 눈에 띄는 것은 선유도해수욕장과 망주봉이다. 선유도해수욕장은 유리알처럼 투명하고 아름다운 백사장이 넓게 펼쳐져 있어 명사십리라고도 불린다. 해수욕장 바로 옆에는 커다란 두 개의 바위가 큰 산처럼 우뚝 솟아 있다. 옛날 억울하게 유배된 한 충신이 북쪽을 바라보며 임금을 그리워했다는 유래가 전해지는 망주봉(望主峰)이다. 이른 아침 햇살이 들 때와 노을이 지는 저녁때가 아름답다.

선유도해수욕장 북쪽 남악리마을이 대봉 전망대로 가는 최단 코스 기점이다. 가파른 길을 오르면서 확보된 고도 덕분에 전망대에서 선유도해수욕장과 망주봉을 내려다볼 수 있다. 밑에서는 보이지 않던 해수욕장의 해안선이 선명하게 보인다. 마치 하트 모양 같다.

대봉 전망대를 내려와 아름다운 명사십리를 걸으면 선유2교차로에 도착한다. 이곳에서 선유봉 정상을 향해 5분 정도 오르면 조망처가 있다. 북쪽으로는 선유 스카이썬라인과 선유도해수욕장, 그 뒤로 망주봉과 방금 올랐던 대봉 전망대가 한눈에 보인다. 서쪽으로는 장자교와 장자대교, 대장도의

① 선유도해수욕장
② 대봉 전망대

1 선유봉 암릉 2 선유봉 정상 3 선유봉에서 보이는 선유도해수욕장과 망주봉

대장봉이 파노라마처럼 펼쳐진다. 오르는 수고에 비해 너무도 값진 풍경이다. 정상으로 가는 길에는 동남쪽으로 옥돌해수욕장과 그 뒤로 선유8경 중 하나인 삼도귀범(三島歸帆)이 보인다. 삼도귀범은 무녀도와 선유도 사이에 있는 세 개 섬의 모습이 만선을 알리는 기를 꽂고 돌아오는 배 모양이라 해서 붙여진 이름이다. 선유봉 정상에서는 반대편의 나바론 요새 같은 거대한 두 개의 바위 봉우리가 시선을 사로잡는다. 날카로운 칼바위 능선은 바다를 향해 거침없이 뻗어 있고, 바위 봉우리 사이에는 깊은 협곡이 만들어져 아찔하다.

정상에서 선유2교차로로 다시 내려가 장자도로 향한다. 장자대교와 장자교를 통해 갈 수 있는데, 인도교인 장자교는 때에 따라 안전상의 이유로 출입이 통제되는 경우가 있어 장자대교를 건넌다. 다리를 건너면 바로 장자도관광안내소 공영주차장(전북 군산시 옥도면 장자도1길 69)이 나온다. 대장도는 주차 공간이 협소해 섬 주민과 대장도 내 펜션 이용객 외에는 차량 출입이 금지된다. 대장도 근처에 주차하고 싶다면 이곳에 해야 한다. 주차장 바로 앞에 '장자도' 정류장도 있다. 대중교통 이용자의 경우 대장봉을 돌고 99번 버스를 타고 이동해 트레킹을 마무리해도 된다.

선유봉에서 보이는 대장도

대장도에서는 섬을 한 바퀴 돌게 되므로 입구에서 진행 방향을 결정해야 한다. 오른쪽은 중간에 가파른 계단이 있으나 잘 정비된 등산로, 왼쪽은 해안과 완만한 바위 능선을 오르나 정비되지 않은 자연 그대로의 산길로 시작한다. 어느 길을 선택하더라도 25분 내외면 대장봉 정상에 닿는다. 산길이 불편해도 가파른 계단을 오르는 것에 비하면 좀 더 수월하니 왼쪽 길로 올라 가파른 계단으로 내려오는 것을 추천한다.

대장봉 정상의 전망대에 서면 북동쪽으로는 선유도의 풍경이, 남서쪽으로는 관리도의 풍경이 한눈에 담긴다. 360도 어디를 보아도 그림 같다. 하지만 그보다 더 장관인 것은 선유도의 에메랄드빛 바다다. 서해 바다는 탁한 초록빛을 띤다고 생각하기 쉬운데 선유도의 바다는 너무 곱게 빛난다. 이곳에서 바라보는 선유 낙조도 아름답기로 유명하다.

대장봉 전망대에서 가파른 계단길로 하산한다. 40m 정도 이동하면 사람 한두 명이 앉을 수 있는 작은 바위가 나오는데 이 바위가 SNS에서 입소문난 포토존이다. 보통 바위에 걸터앉아 선유봉과 망주봉을 배경으로 촬영한다. 안전시설이 없어 위험하니 주의해야 한다. 천천히 가파른 계단을 내려와 왔던 길을 따라 선유도보건지소 공영주차장으로 돌아간다.

계곡 단풍과 기암절벽의 환상적인 하모니

고창 선운산 낙조대

이동 거리	9.73km
소요 시간	3시간 40분
추천 시기	가을 > 봄 > 여름

고창 선운사는 봄에는 동백으로, 가을에는 꽃무릇과 단풍으로 유명하다. 꽃만이 아니라 선운사에서 도솔암을 거쳐 천마봉에 이르는 구간의 기암은 기기묘묘한 모습이라 보는 순간 감탄을 자아낸다. 100여 명이 들어가고도 남을 진흥굴, 하늘 높이 나는 말의 모습을 한 천마봉, 바위 협곡과 거대한 바위문인 용문굴 등이 반긴다. 숲길 구석구석 놓인 비경과 어우러진 이야기를 찾아 걷다 보면 서너 시간이 금세 지난다.

주변 관광지

- 고창 병바위 +7.6km
- 고창 운곡람사르습지 +10km

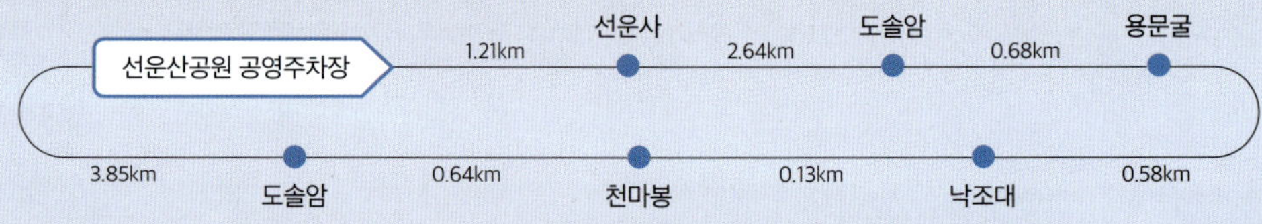

이동 방법

🚗 자동차

목적지: 선운산공원 공영주차장

(전북 고창군 아산면 삼인리 126)

🚌 대중교통

고창문화터미널에서 141번 버스 승차 후 '선운산버스정류
장'에서 하차한다.

추천 맛집

🦪 청림정금자할매집

주소 전북 고창군 아산면 인천강서길 12

전화 0507-1418-1434

주차장에서 3.6km 떨어져 있어 찾아가기 힘들지만 장어
맛은 일품이다. 장아찌를 곁들여 먹으면 맛있다.

🦪 명가풍천장어

주소 전북 고창군 아산면 선운사로 16-5

전화 0507-1404-5389

장어는 소금구이보다 양념구이를 추천한다. 밑반찬이 깔
끔하고 맛있어 여러 번 리필하게 된다.

선운산공원 공영주차장에 주차하고 도로를 건너면 선운산관광안내소가 있다. 이 곳부터 선운사 일주문까지는 800m의 잘 다듬어진 산책로다. 일주문을 통과하면 작은 실개천인 도솔천을 만난다. 도솔천 주변은 9월 붉은 꽃무릇과 10월 붉고 노란 단풍으로 유명하다. 특히 가을철 이른 아침에 방문하면 하얗게 피어오르는 물안개와 단풍이 어우러진 몽환적 모습을 볼 수 있다.

도솔천 옆 숲길을 따라 걷다 보면 천년 고찰 선운사가 나온다. 천왕문을 통과해 큰 법당인 대웅보전 앞에 서면 건물 뒤로 선운사를 대표하는 풍경 중 하나인 동백나무 숲이 보인다. 3,000여 그루가 모여 숲을 이룬 동백나무가 장관이다. 동백나무 서식지의 북방 한계선이라 남쪽 지방에 비해 개화 시기가 늦어 3월 말부터 꽃이 피기 시작해 4월 초중순에 절정을 이룬다. 붉게 타오르는 동백도 아름답지만, 꽃이 통째로 툭 떨어진 모습도 아름다워 절정기 보다 늦게 방문해도 괜찮다.

천왕문을 나와 선운교를 지나 우회전하면 선운사 차밭이다. 차밭 옆으로 데크가 잘 조성되어 걸으며 주변 풍광을 감상할 수 있다. 차밭 가장자리 주변에는 단풍나무가 자리해 가을이면 붉은 단풍과 녹색의 차밭이 확실한 색의 대비를 띤다. 이곳은 차밭 뒤로 산이 위치해 서산 너머로 해가 일찍 넘어간다. 햇살 가득한 차밭 풍

선운사 차밭

① 진흥굴
② 도솔암 마애여래좌상
③ 용문굴

경과 가을 단풍을 보고 싶다면 오후 4시 이전에 방문해야 한다.

　도솔제 쉼터에서 도솔암까지는 계곡 바로 옆을 따라가는 오솔길과 산허리를 돌아가는 넓은 흙길로 나뉜다. 한적하고 아담한 오솔길을 걷다 보면 높이 서 있는 소나무가 눈에 띈다. 높이 23m의 장사송으로 나이도 무려 600살이다. 장사송 뒤편에는 진흥굴이 있다. 선운사 창건 설화에 의하면 신라 24대 진흥왕이 말년에 왕위를 버리고 이 굴에 머물렀다고 한다. 높이 4m, 길이 10m의 동굴로 안에서 바깥쪽을 바라보며 실루엣 사진을 찍기에 좋다.

　용문굴로 가기 위해서는 도솔암을 지나야 한다. 도솔암은 선운사의 산내 암자로 거대한 암벽에 새겨진 마애여래좌상이 유명하다. 불상의 배꼽에 신기한 비결이 숨겨져 있다고 전해진다. 누가 언제 조각했는지 정확히 알 수 없지만 고려 초기의 마애불로 여겨진다. 마애불 옆 산길로 들어서서 짧은 V자 협곡 지대를 통과하면 용문굴이다. 세 개의 바위기둥 위에 길고 커다란 바위가 얹혀 있다. 길이는 20m 정도다. 화산재가 쌓여 굳어진 퇴적암(응회암)이 침식되어 생성된 굴이다. 이 기묘한 풍경에 설화가 없을 수 없다. 선운사 창건 설화의 주인공인 검단선사가 선운사를 세우려 절터에 있던 용을 쫓아내자 용이 급히 도망치다가 바위에 부딪혀 이 굴이 만들어졌다고 한다.

낙조대

용문굴을 지나 가파른 데크 계단을 오르면 낙조대다. 낙조대에는 양쪽으로 커다란 두 개의 바위 절벽이 자리하고, 바위 절벽 사이로 서해를 바라볼 수 있다. 낙조대라는 이름에 걸맞게 해가 질 때 멋진 일몰 풍경을 연출한다.

낙조대를 뒤로하고 130m 정도 걸으면 천마봉(天馬峰)이다. 바위 절벽에 가까운 봉우리로 끝자락에 서면 기암괴석으로 이루어진 도솔암 일대를 한눈에 조망할 수 있다. 도솔암 뒤쪽으로 도솔제와 오른쪽으로 이어지는 노적봉 능선까지 보인다. 해발 284m의 봉우리지만, 해발 1,000m급 산에서나 볼 수 있는 시원시원한 풍경을 선사한다.

천마봉에서 도솔암으로 내려오는 데크 계단은 급경사다. 내려올 때 몸이 앞으로 쏠려 넘어지지 않도록 조심해야 한다. 중간 지점의 쉼터에서 천마봉 기암절벽을 올려다보면 가장자리 부분이 말 머리처럼 보인다. 이름 그대로 한 마리 말이 하늘을 향해 치솟는 모습이다. 도솔암에서부터는 올 때와는 반대로 넓은 흙길을 이용해 가보자. 봤던 풍경도 새롭게 보일지 모른다.

끝없이 이어진 섬진강과 산의 굴곡

순창 용궐산

이동 거리	7.3km
소요 시간	3시간 30분
추천 시기	봄 > 가을

용이 거처하는 산이라는 뜻을 가진 용궐산에는 거대한 위용을 자랑하는 암벽이 있다. 이곳에 2021년 4월 우리나라 최초의 잔도가 놓였다. 암벽을 따라 펼쳐진 잔도는 '하늘길'이라는 이름처럼 보기만 해도 고개가 넘어갈 지경이다. 하늘길을 오르며 보이는 섬진강의 굽이치는 물결마저 마치 산을 가로지르는 용의 몸처럼 보인다. 정상에서 하산하는 길에는 용이 살았다는 용굴과 용이 알을 까고 나왔다는 용알바위와 마주한다. 산 곳곳이 용의 전설로 가득하다.

주변 관광지

- 채계산 출렁다리 +11km
- 순창전통고추장민속마을 +18km

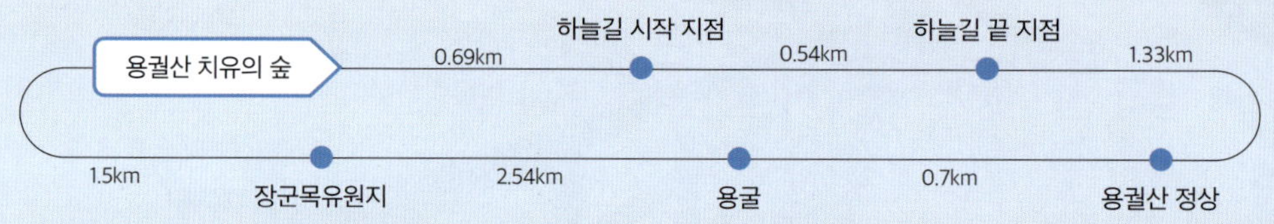

이동 방법

🚗 자동차

목적지: 용궐산 치유의 숲

(전북 순창군 동계면 장군목길 564)

🚌 대중교통

순창공용버스정류장에서 택시로 18km 이동한다.

추천 맛집

주변에 음식점이 없다. 18km 떨어진 순창군 읍내에서 식사를 해결하자.

🍴 미소식당

주소 전북 순창군 순창읍 장류로 290

전화 063-653-7597

20가지 건강한 재료가 들어간 찰진 연잎밥과 18가지 반찬이 나와 입맛을 돋운다.

🍴 민속집

주소 전북 순창군 순창읍 순창8길 5-1

전화 063-653-8880

한정식 전문점으로 한 상 가득 푸짐한 반찬에 재료 본연의 맛을 고스란히 담아낸다.

전북 순창군 동계면 귀미로 구미마을에서 용궐산자연휴양림으로 접어들면, 자동차 한 대가 겨우 지나갈 수 있는 외길이 나온다. 섬진강 옆으로 좁은 길을 따라 들어가면, 용이 하늘을 날아가는 듯한 형상의 용궐산에 닿는다. 이 산자락에 위치한 휴양 공간인 용궐산 치유의 숲이 코스의 들머리다.

주차장에서 10~15분 정도 오르면 끝이 보이지 않는 바위가 앞을 막아선다. 암벽 아래에 작은 쉼터가 있는데 나뭇가지가 우거져 섬진강을 조망할 수는 없다. 쉼터 이후 하늘길 초입까지는 오르막의 돌계단이다. 돌계단이 끝나는 지점에 거대한 암릉을 가로지르는 하늘길이 있다. 길이 1,010m의 지그재그형 하늘길에 올라서면 제일 먼저 장군목유원지 쪽 풍경이 눈에 들어온다. 섬진강 물길과 강 건너 자전거길을 따라 서 있는 울창한 나무, 장군목유원지 주변의 아기자기한 집과 카페 등이 산골짜기에 오밀조밀 모여 있다.

아름다운 강변을 감상하며 하늘길을 걷다 보면, '계산무진(谿山無盡)'이라 새겨진 김정희 선생의 글을 만난다. 계곡과 산이 끝이 없다는 뜻의 이 글은 하늘길에서

용궐산 하늘길

1 하늘길 풍경
2 용궐산 정상 가는 길의 밧줄 구간

바라보는 풍경을 가장 압축적으로 표현한다. 뜻도 좋지만 추사의 필체는 글씨를 넘어 그림이며, 큰 산과 강, 대자연을 고스란히 담아내 표현했다.

북쪽을 바라보며 걷던 하늘길은 중간 지점부터는 남쪽을 보고 걷는다. 섬진강 건너편에 용궐산과 같은 크기의 바위산인 벌동산이 있다. 섬진강은 용궐산과 벌동산 사이를 지나 S자를 그리며 적성면으로 흘러나간다. 굽이굽이 흘러가는 섬진강과 적성면 뒤편으로 펼쳐지는 산 그리메의 풍경은 눈을 뗄 수 없을 만큼 아름답다.

하늘길이 끝나는 지점에 비룡정이 있다. 하늘길에서 보았던 섬진강 변의 아름다움은 비룡정에서 절정에 이른다. 높은 고도에서 확보된 탁 트인 시야로 섬진강 물길과 나무, 다리는 물론 멀리 보이는 산과 하늘이 끝없이 펼쳐진다. 된목 삼거리를 거쳐 용궐산 정상에 닿는다. 정상에는 데크 전망대가 있는데, 일출과 일몰을 동시에 볼 수 있는 곳으로 아침에 섬진강에서 피어오르는 물안개나 오후의 노을빛을 보러 알음알음 사람들이 찾아온다. 아침과 저녁에는 일교차가 크기 때문에 보온용 의류나 액세서리를 준비하는 것이 좋다.

정상에서 곧바로 장군목으로 내려갈 수 있으나, 용굴을 보기 위해 된목 삼거리로 되돌아온다. 용굴은 용이 살던 동굴이자 용머리에 해당하는 부분이다. 동굴 입구에서 왼쪽으로 조금 돌아가면 '역린(용의 목에 거꾸로 난 비늘)' 모양의 바위가 있다. 이후 용유암 터를 지나 너덜 지대를 통과하면 삼거리가 나온다. 왼쪽은 용알바위를 거쳐 용궐산 치유의 숲으로 가는 길이고, 오른쪽은 귀룡정을 지나 장군목유

1 장군목유원지 2 장군목유원지에서 용궐산 치유의 숲으로 가는 길 3 요강바위

원지까지 갈 수 있다. 용알바위까지 얼마 걸리지 않기 때문에 용알바위를 보러 다녀온 뒤 장군목유원지로 향한다.

장군목유원지 일대에는 수만 년 동안 물결이 빚은 독특한 모양의 바위들이 즐비하다. 그중에서도 요강바위는 3km 일대의 장군목유원지뿐만 아니라 섬진강 자연이 빚은 최고의 조형물이라 할 수 있다. 높이 2m, 폭 3m, 무게 1.5톤가량의 바위로 가운데에 구멍이 뚫려 있다. 성인 한 사람이 들어갈 수 있을 정도의 크기로 직접 보면 그 위용이 대단하다.

요강바위를 구경하고 섬진강 변을 따라 용궐산 치유의 숲으로 발걸음을 옮긴다. 때 묻지 않은 자연 그대로의 모습을 간직한 길로 섬진강 상류의 풍경을 감상하며 걷기 좋다.

산 위에 펼쳐진 붉은 철쭉의 바다

남원 지리산 바래봉

이동 거리	13.16km
소요 시간	5시간
추천 시기	봄 > 겨울

지리산 바래봉 철쭉은 황매산, 소백산과 더불어 우리나라 3대 철쭉 군락지 중 하나다. 또한 연초록의 구상나무 숲길과 드넓은 초원 지대로도 유명하다. 게다가 바래봉은 지리산 주 능선을 한눈에 조망할 수 있는 전망대이기도 하다. 바래봉에서 팔랑치까지 이르는 능선은 부드러운 흙길이라 걷기에 불편함이 없다. 바래봉 철쭉의 하이라이트인 팔랑치에서 철쭉과 함께 화려하게 펼쳐지는 지리산 서북 능선을 감상하자.

📍 주변 관광지
- 지리산허브밸리 +0.05km
- 구룡폭포 +9.9km

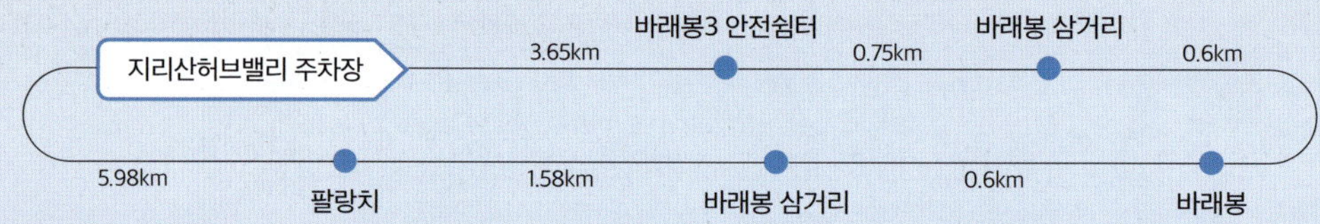

이동 방법

🚗 자동차

목적지: 지리산허브밸리 주차장

(전북 남원시 운봉읍 바래봉길 175)

🚌 대중교통

기차 남원역 또는 남원공용버스터미널에서 1-142·5-130 번 버스에 승차한다. '운봉농협' 하차 후 택시로 2.1km 이동 한다.

추천 맛집

주변에 음식점이 없어 8km 떨어진 인월면 맛집을 소개한다.

🍴 산골농장식당

주소 전북 남원시 인월면 인월로 67

전화 063-636-2701

정육점을 같이 하는 식당으로 지리산에서 자란 흑돼지를 맛 볼 수 있다. 고기는 3인 이상 주문 가능하다.

🍴 두꺼비집

주소 전북 남원시 인월면 인월장터로 3

전화 063-636-2979

어탕과 어국수로 유명한 맛집이다. 얼큰하고 시원한 국물 이 일품이다.

바래봉은 멀리서 보았을 때 승려의 밥그릇인 바리때를 엎어놓은 모습과 비슷해서 붙은 이름이다. 1970년대 초에는 양 떼 목장이었는데 양이 독성이 있는 철쭉을 제외하고 나머지 수목들을 뜯어 먹으면서 자연스럽게 철쭉 군락지가 되었다. 바래봉 철쭉은 4월 하순에 산 아래에서 피기 시작해서 5월 중순까지 팔랑치, 바래봉 순으로 퍼진다. 철쭉이 피는 시기가 각각 달라서 여행 날짜 잡기가 애매한 곳 중 하나다. 팔랑치 철쭉이 가장 화려하므로 팔랑치 철쭉이 절정일 때 방문하는 것이 좋다.

주차장을 시작으로 완만하게 오르던 길은 지리산국립공원 안내도를 만나며 급경사가 시작된다. 이후로는 계속해서 같은 풍경이 반복되어 지루하다. 다행히 고도가 높아지면서 탐방로 옆으로 핀 철쭉이 지루한 시간을 메꿔준다. 이 길은 '바래봉 3 안전쉼터'까지 이어진다.

안전쉼터에서 숨을 고른 뒤 바래봉 삼거리를 향해 힘을 내서 오른다. 완만해진 오르막으로 발걸음은 이전보다 빨라지지만 조망이 트인 덕분에 운봉읍 들판과 그 뒤의 수정봉, 여원재휴게소, 고남산이 파노라마로 펼쳐져 발걸음을 멈추게 한다. 뒤로 보이는 풍경에 반해 앞으로 똑바로 걷지 않고, 계속해서 뒤돌아보게 된다. 풍경을 감상하며 완만한 오르막을 느긋하게 걷다 보면 바래봉 삼거리다.

이곳부터 샘터까지는 구상나무가 울창한 숲을 이룬다. 연초록의 구상나무와 봄 햇살이 어우러진 걷기 좋은 길이라 서두르지 않고 봄을 만끽하며 천천히 걷는다. 샘

1 바래봉3 안전쉼터
2 바래봉 삼거리로 가는 길의 전망

샘터 부근의 구상나무 숲길

터에는 특별한 이정표가 없다. 그저 주변에 벤치가 있어 목을 축이고 잠시 쉬어갈 수 있다. 숲길이 끝나고 제법 가파른 데크를 20여 분 오르면 바래봉이다. 바래봉 정상에 서면 지리산 주 능선의 산줄기가 한눈에 들어온다. 오른쪽에 위치한 엉덩이 모양의 반야봉을 시작으로 제석봉과 지리산 주봉인 천왕봉, 그리고 중봉, 하봉이 웅장하게 펼쳐진다.

바래봉 삼거리로 되돌아와 산 능선을 따라 팔랑치로 향한다. 산 능선을 걷기 때문에 지리산 서북 능선의 모습을 보며 걸을 수 있다. 탐방로는 잘 정비되어 걷기 편하고 주변에 연분홍색의 철쭉과 녹색의 조릿대가 색의 대비를 뽐내고 있어 지루할 틈이 없다. 걸을 때마다 포토존이 나타나기 때문에 사진을 찍으며 진행하다 보면 생각보다 시간이 오래 걸린다.

팔랑치 삼거리부터 시작되는 철쭉 군락지는 언덕배기를 넘어 반대편까지 장관을 이룬다. 철쭉 군락지 한가운데에 놓인 데크를 걷는다. 언덕 8부 능선에 철쭉을 배경으로 사진을 찍을 수 있는 전망대와 포토존이 있다. 이곳에 서면 팔랑치에서 바래봉으로 이어지는 장엄한 능선과 이곳을 가득 메운 연분홍 철쭉의 모습이 한 폭의 그림처럼 담긴다. 팔랑치 언덕 정상에는 특별한 쉼터가 없어 너른 풀 위에 앉

바래봉 정상 풍경

아야 한다.

　따듯한 봄 햇살과 함께 서북 능선을 가득 메운 철쭉을 마음껏 감상하고 왔던 길을 되돌아 바래봉 삼거리까지 간다. 이곳에서 지리산허브밸리 주차장으로 이어지는 임도를 따라 걷는다. 내리막이라 오를 때에 비해 발걸음이 훨씬 가볍다.

팔랑치 이정표

팔랑치

말의 귀처럼 우뚝 솟은 두 개의 봉우리

진안 마이산

이동 거리	8.38km
소요 시간	4시간
추천 시기	봄 > 가을

말의 귀 모양과 너무도 흡사한 두 개의 바위 봉우리가 진안고원에 있다. 마이산에 있는 암마이봉과 수마이봉이다. 이 코스에서는 암마이봉과 수마이봉이 연출해 내는 갖가지 풍경을 즐길 수 있다. 크고 작은 탑이 수없이 서 있는 탑사와 암마이봉과 수마이봉을 동시에 볼 수 있는 은수사를 지나 암마이봉에 오른다. 암마이봉은 수마이봉과 마이산 전체를 바라볼 수 있는 조망처다. 비룡대에서는 자연 암석으로 이루어진 커다란 배 한 척이 암마이봉을 싣고 떠나는 비경을 만날 수 있다.

🗺 **주변 관광지**

• 임실치즈테마파크 +26km
• 운일암 반일암 구름다리 +37km

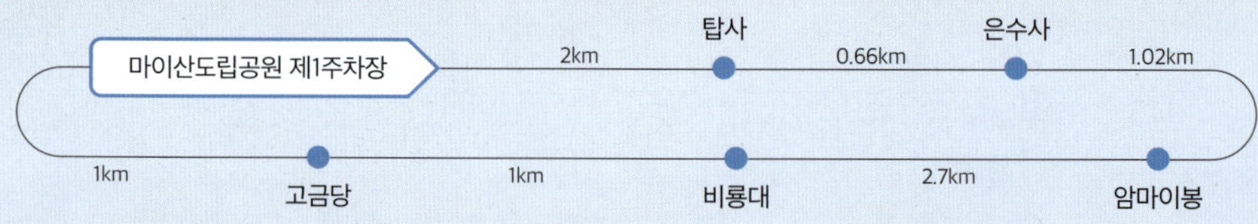

🚗 자동차

목적지: 마이산도립공원 제1주차장
(전북 진안군 마령면 동촌리 70-21)

🚌 대중교통

진안시외버스공용정류장 또는 기차 전주역에서 마이산 남부주차장행 농어촌버스 승차 후 '마이산'에서 하차한다.

초가정담

주소 전북 진안군 마령면 마이산남로 213
전화 0507-1417-2470

남부주차장 상가는 참나무숯불등갈비구이가 유명하다.
1998년부터 이어온 등갈비구이와 목살구이 맛집이다.

마이산 풍경식당

주소 전북 진안군 마령면 마이산남로 194
전화 063-432-6611

더덕구이와 기본으로 주는 구수한 된장의 감칠맛이 좋다.
등갈비구이와 목살구이도 있다.

마이산도립공원 제1주차장(남부주차장)에서 탑사까지는 잘 다듬어진 산책로로 길 양옆에는 벚나무가 심겨져 있다. 서울보다 위도가 낮은데 벚꽃은 일주일 정도 늦게 펴 4월 중순이면 화려하게 만개해 장관을 이룬다. 산책로를 걷다 보면 독특한 모양의 바위 봉우리가 눈에 들어오는데, 마이산(馬耳山)은 이 두 개의 바위 봉우리로 이루어진다. 봉우리의 모습이 마치 말의 귀 모양 같다고 하여 붙은 이름이다. 암마이봉(686m)이 수마이봉(680m)보다 조금 더 높다.

산책로가 끝나는 지점에 수많은 돌탑이 늘어서 있는 절이 있다. CNN이 선정한 한국의 이름다운 사찰 중 하나인 탑사다. 임실에 살던 이갑룡 처사가 1885년부터 이곳에 거주하면서 30여 년 동안 108기의 돌탑을 쌓았다고 한다. 자연석을 차곡차곡 쌓아 올린 돌탑은 높이도 모양도 각기 다르다. 각각의 돌탑은 음양오행의 이치에 따라 소우주를 형성하고, 우주의 순행원리를 담는다. 탑사에서 암마이봉을 보면 바위 중간중간에 벌집 모양으로 움푹 움푹 파인 작은 굴이 보이는데, 타포니 지형이다. 이 지형은 특이하게 바위 안에서 풍화 작용이 일어나 내부가 팽창되면서 바깥에 있는 바위 표면을 밀어낸다. 이렇게 생긴 바위의 작은 홈에 물이 들어가 얼고 녹기를 반복하며 벌집 구조의 독특한 모양이 만들어진다.

탑사에서 암마이봉을 관찰하다 가파른 길을 5분 정도 오르면 은수사다. 조선을 건국한 이성계가 왕조의 꿈을 꾸며 기도를 드린 장소로 전해진다. 기도 중에 마신 샘물이 은같이 맑아 은수사(銀水寺)라 불린다.

1 탑사
2 은수사

1 화엄굴 내부
2 암마이봉에서 보이는 수마이봉
3 암마이봉 전망대 전경

경내를 벗어난 텃밭 부근에서 암마이봉과 수마이봉이 가장 잘 보인다. 늦가을 나무들이 울긋불긋한 옷으로 갈아입을 때 방문하면 독특한 봉우리와 어우러진 은수사의 이색적이면서도 화려한 단풍을 감상할 수 있다.

은수사 뒤편으로 난 324개의 급경사 계단을 오르면 암마이봉과 수마이봉 사이의 움푹 들어간 낮은 지점인 안부에 도착한다. 수마이봉은 안전상의 이유로 출입 금지다. 대신 수마이봉 쪽으로 150m를 오르면 높이 4~5m, 깊이 15m 정도의 자연 동굴인 화엄굴을 볼 수 있다. 동굴 안에는 바위 밑에서 솟는 일반적인 샘물과 다르게 바위틈에서 흘러내리는 석간수가 있다.

안부에서 암마이봉으로 올라가는 길은 급경사이며 길이 좁다. 중간 지점은 안전을 위해 일방통행을 한다. 오를 때는 암릉을, 내려올 때는 계단을 이용한다. 암마이봉 8부 능선쯤에 수마이봉과 화엄굴을 제대로 볼 수 있는 전망대가 있다. 수마이봉을 배경으로 사진 찍기 좋은 장소다. 이곳에 서면 수마이봉이라는 이름을 단번에 이해할 수 있다. 봉우리가 남성의 성기 모양과 닮았기 때문이다. 암마이봉 정상은 우거진 나뭇가지로 인해 조망이 좋지 않다. 정상에서 30m 정도 이동하면 탁 트인 전망을 감상할 수 있는 데크로 된 전망대가 있다. 왼쪽 아래로는 탑영제가, 오른쪽으로는 앞으로 가야 할 봉두봉과 비룡대, 고금당이 펼쳐진다.

비룡대 풍경

고금당 전망

암마이봉을 내려와 비룡대로 향하는 길은 내리막과 오르막이 여러 번 반복되는 숲길이다. 봉두봉을 지나 나봉암에서 잠시 쉬어간다. 나봉암에 팔각형 모양의 2층 누각인 비룡대가 있다. 비룡대에 오르면 동쪽으로 암마이봉이 확연히 보이고, 수마이봉은 암마이봉 왼쪽 옆으로 3분의 1 정도만 보인다. 암마이봉 밑으로는 봉두봉의 바위 절벽이 깔려 있다. 마치 봉두봉이 배의 갑판이 되어 암마이봉을 싣고 가는 형상처럼 보인다. 기이하게 생긴 암마이봉과 주변의 자연 암석까지 한눈에 조망할 수 있는 마이산의 숨겨진 전망대다.

비룡대 서쪽으로 바위 절벽에 붙어 있는 기와지붕의 건물이 눈에 띈다. 지붕의 색이 금색이라 단번에 알아볼 수 있는 고금당이다. 고금당에는 고려 말 나옹선사가 수도한 곳으로 알려진 나옹암이 있는데, 타포니 지형의 자연 동굴이다. 고금당 큰 법당 앞에 서면 암마이봉이 눈높이로 보이고, 오른쪽 아래로 탑영제와 금당사가 내려다보인다. 수마이봉은 암마이봉에 가려서 보이지 않는다. 고금당에서 문화재 매표소를 지나 남부주차장으로 가며 트레킹을 마무리한다.

성곽 따라 걸으며 감상하는 담양호의 면면

담양 금성산성

이동 거리	7.33km
소요 시간	4시간
추천 시기	가을 > 봄 > 여름

암벽과 성벽으로 이루어진 금성산성은 천혜의 요새이자 담양호의 아름다운 면면을 다양한 각도에서 볼 수 있는 최고의 전망대다. 산성에 올라서면 담양 들판과 담양호의 광활함에 보는 것만으로 시력이 좋아지는 기분이다. 충용문에서 내려다보는 보국문과 담양호의 조화로운 풍경은 이 코스의 백미다. 산성 안에는 우리나라 산성에서 보기 드문 원시림 그대로의 계곡이 있어 색다른 느낌이다. 봄, 여름, 가을 내내 꽃향기로 가득한 동자암도 빠트릴 수 없다.

주변 관광지

- 메타세쿼이아랜드 +7.1km
- 죽녹원 +8.7km

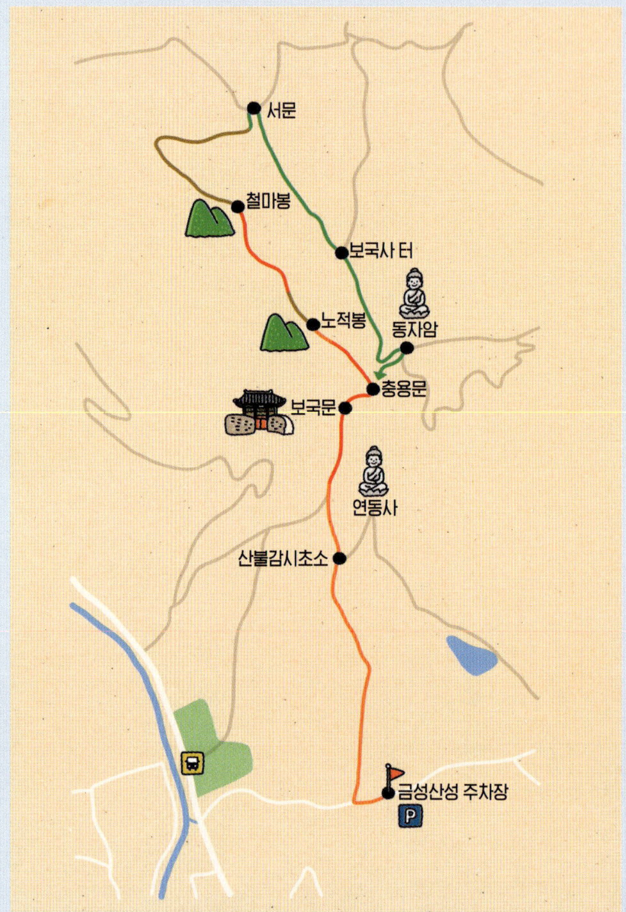

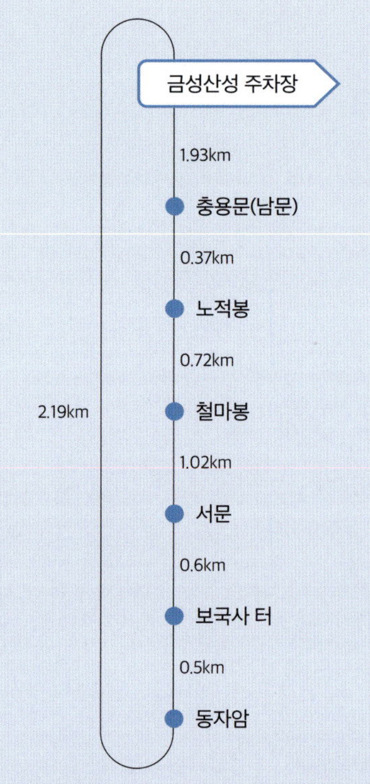

주의 사항

충용문에서 서문까지 이르는 길은 자연 암벽을 이용한 성벽이다. 안전시설이 없으니 주의하자.

이동 방법

🚗 자동차

목적지: 금성산성 주차장
(전남 담양군 금성면 금성리 산89-1)

🚌 대중교통

담양공용버스터미널에서 농어촌버스 10-1번에 승차한다. '담양온천'에서 하차해 800m(도보 15분) 이동한다.

추천 맛집

주변에 음식점이 없다. 8km 떨어진 담양읍 근처에서 식사를 해결하자.

🦞 담양앞집

주소 전남 담양군 담양읍 죽향문화로 22
전화 0507-1426-1991

한정식 코스 요리가 아니라 1인 정식 스타일로 나온다. 매운떡갈비국수와 죽순바삭만두가 추천 메뉴.

🦞 담양애꽃

주소 전남 담양군 봉산면 죽향대로 723
전화 0507-1468-5788

화학조미료를 사용하지 않고 죽염과 천연 효소로 맛을 낸다. 부드러운 떡갈비가 일품이다.

앞쪽의 보국문과 뒤쪽의 충용문

금성산성은 전남 담양군과 전북 순창군의 경계에 있는 산성이다. 내성은 859m고, 내성을 넓게 둘러싼 외성은 6,486m다. 산성은 우뚝 솟은 자연 암벽을 그대로 이용해 만들었다. 주위에 금성산성보다 높은 곳이 없어 천혜의 요새였으나 군사적 기능이 사라진 지금은 전망을 즐기기 좋은 트레킹 장소가 되었다.

본격적으로 성곽길이 시작되는 지점인 보국문은 커다란 바위 위에 얹혀 있다. 보국문을 통과하면 북동쪽으로 130m 떨어진 곳에 또 하나의 성문이 기다린다. 금성산성의 남문인 충용문이다. 이곳은 성문과 성벽이 안팎으로 두 겹인 이중 구조다. 금성산성의 동문, 서문, 북문 쪽은 암벽과 비탈이 심해 적이 접근하기 힘들다. 유일하게 적이 침입하기 쉬운 남문 쪽은 이렇게 겹성(보국문, 충용문)을 쌓아 적의 공격에 효율적으

보국문

로 대응할 수 있도록 만들었다. 충용문 누각에 올라서면 아래로는 보국문과 담양의 너른 들판, 더 뒤로 추월산의 산자락이 그림처럼 펼쳐진다. 산성 건축물과 자연이 어우러진 절묘한 조화에 감탄하며 아름다운 풍경을 한없이 바라본다.

북서쪽 성벽을 따라 노적봉으로 진행하는 길은 오르막이 심하다. 숲길과 성곽길을 반복하여 걷다 보면 세 그루의 소나무가 반겨주는 바위 봉우리인 노적봉을 만난다. 시원하게 탁 트인 전망 지대로, 이곳에 서면 담양호가 발아래에 있고, 정면으로는 앞으로 가야 할 철마봉이 높이 솟아 있다. 노적봉에서 철마봉까지 이르는 구간은 암벽 지대로 왼쪽은 깎아지른 절벽이다. 성벽을 굳이 쌓지 않아도 자연에서 만들어진 암벽이 성벽 역할을 대신한다. 암벽 바깥으로는 병풍처럼 자리한 추월산이 담양호에 잠겨 있다. 가을철에는 담양호에 비친 추월산의 붉은 단풍이 색색으로 화려하다. 북서쪽으로 향하던 길은 철마봉을 지나면서부터 북동쪽으로 크게 우회전한다. 걷는 방향이 바뀌면서 담양호를 다양한 각도로 감상할 수 있어 재밌다.

서문은 철마봉과 북문 사이의 계곡에 자리한다. 다른 곳에 비해 성벽이 높고 옹성을 갖춘 특징이 있다. 바깥쪽이 비탈진 경사면이라 적의 접근이 쉽지 않아 보이지만 상대적으로 철마봉과 북문에 비해 낮은 지대라 방어력을 높인 것으로 보인다. 서문에서 잠시 숨을 고르고 보국사 터로 향한다.

계곡 숲길을 빠져나오면 너른 공터에 집 한 채가 있는 곳이 바로 보국사 터다. 집 주변으로 당간지주와 장대석 석축, 우물 터 등이 남아있다. 창건 연대는 알 수 없고 조선 후기 자료인《추성지》와《호남진지》의 〈금성진지도〉를 통해 금성산성의 수호 사찰 기능을 했을 것으로 추정한다.

보국사 터에서 500m를 더 걸으면 꽃피는 암자로 유명한 동자암이 있다. 탐방로에서 대웅전까지 이르는 길 양옆과 대웅전 주변에는 계절별로 아름다운 꽃이 만발한다. 동자암에서 듬뿍 꽃구경하고, 충용문에서 다시 한번 담양호의 풍경을 눈에 담고 하산한다.

하산 시 잠시 들렀다 가기 좋은 연동사에는 전우치가 어렸을 때 도술을 배웠다고 알려진 장소인 동굴법당이 있다. 산불감시초소 근처의 갈림길에서 연동사까지는 5~10분이 걸린다.

자연 암벽

분홍빛으로 물드는 진달래의 향연

여수 영취산

이동 거리	4.2km
소요 시간	3시간
추천 시기	봄 > 가을

영취산은 우리나라에서 가장 먼저 붉게 물든다. 봄철에 피는 진달래가 온 산을 뒤덮는 이 시기에 가장 아름답다. 영취산의 백미는 가마봉에서 개구리바위를 거쳐 진례봉 정상까지 이어지는 진달래 능선이다. 바위 지대를 가득 메운 진달래와 그 뒤로 보이는 바다 풍경이 환상적이다. 영취산은 특히 해발 510m로 높지 않아 비교적 걷기에 부담이 없는 편이다.

🗺 **주변 관광지**

- 흥국사 +9.3km
- 여수해상케이블카 +22km

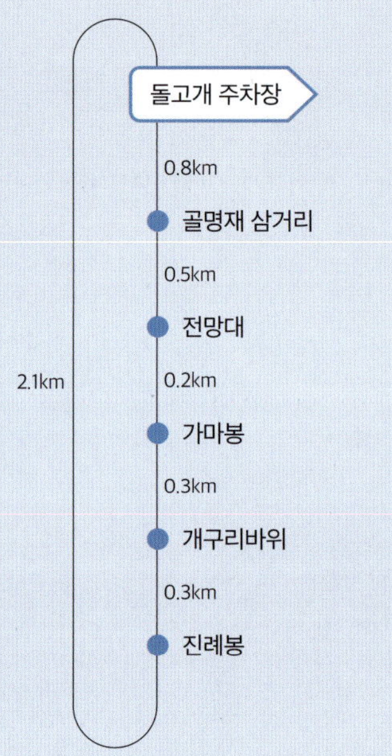

> **주의 사항**
> - 진달래 축제 기간에는 차가 많이 밀려 아침 일찍 트레킹을 시작하는 것이 좋다.
> - 진달래 군락지 외에는 그늘이 없으니 챙이 있는 모자를 준비하자.

이동 방법

🚗 자동차

목적지: 돌고개 주차장
(전남 여수시 월내동 548)

🚌 대중교통

KTX 여천역 또는 여수종합버스터미널에서 61·610번 버스에 승차한다. '두암신촌' 하차 후 2.5km(도보 35분)를 이동한다. 역이나 터미널에서 택시 이용을 추천한다.

추천 맛집

주변에 음식점이 없다. 18km 떨어진 여수 시내에서 식사를 해결하자.

🍽 7공주장어탕

주소 전남 여수시 교동시장2길 13-3
전화 061-663-1580

장어 요리를 전문으로 한다. 장어를 넣고 매콤하게 끓인 탕이 맛있다.

🍽 구백식당

주소 전남 여수시 여객선터미널길 18
전화 061-662-0900

대표 메뉴는 서대회무침과 금풍생이구이다. 서대회무침을 주문해 밥과 반찬을 넣고 비벼 먹으면 식욕이 폭발한다.

진달래로 유명한 산답게 3월 말에서 4월 초쯤이면 돌고개 주차장에서 진달래 축제가 열린다. 축제 기간에 주차장 일부 구역에서 다채로운 행사가 펼쳐져 진달래를 보러온 상춘객에게 볼거리와 먹거리를 제공한다. 주차장의 즐길 거리를 뒤로하고 영취산으로 향한다.

입산하자마자 급격하게 고도를 올리는 구간이 나타나 처음에 페이스 조절을 잘해야 한다. 급경사는 봉우재로 갈라지는 임도 삼거리까지 15분 정도 이어지고 이후부터는 완만한 능선을 따라 정상까지 진행한다. 임도 삼거리에서 10분 정도 진행하면 골명재 삼거리다. 이곳에서 이정표를 따라 골명재 쪽으로 20~30m 정도를 이동하면 SNS에서 인기 있는 봄날의 포토존이 나온다. 영취산 4부 능선을 휘감아 도는 S자 임도와 앞쪽으로 녹색의 편백나무가, 뒤쪽으로 연분홍의 철쭉이 어우러진 그림 같은 춘경을 볼 수 있다. 풍경을 감상하고 다시 골명재 삼거리로 돌아가 정상으로 향한다.

정상을 향해 걸으며 보이는 앞쪽에 우뚝 솟은 봉우리가 가마봉이다. 얼핏 정상처럼 보이지만 아니다. 가마봉에서 오른쪽으로 더 가야 나오는 진례봉이 정상이다. 가마봉이 보이기 시작하면서 봉우리를 뒤덮은 진달래도 눈에 들어온다. 산 전체를 붉게 물들인 풍경이 장관이다. 가마봉을 오르기 전 놓치기 쉬운 멋진 조망처가 있

골명재 삼거리 이정표

전망대 전경

가마봉 전망

는데 산길 옆 커다란 바위 지대다. 등산로에서 볼 때는 평범한 바위 지대인데 바위 끝자락에 서면 탁 트인 조망으로 가마봉에서 당내마을로 이어지는 진달래 능선이 한눈에 들어온다. 가마봉을 가득 메운 진달래 뒤편으로 남해의 바다와 하늘도 시야에 담긴다. 여수의 영취산은 진달래도 아름답지만, 능선 뒤로 배경을 이루는 쪽빛 바다가 매력적이다. 여러 진달래 군락지 중에서 영취산이 가장 인기 있는 이유 중 하나로 진달래와 바다의 조화를 빠트릴 수 없을 것이다.

가마봉으로 올라가는 등산로는 진달래가 양쪽으로 터널을 이룬다. 터널 안 어디서 어떻게 찍어도 인생 사진이 찍히다 보니 촬영하는 상춘객들로 북적여 정체 구간이 형성된다. 진달래 터널이 끝나는 지점에 숨을 잠시 돌릴 수 있는 전망대가 있다. 전망대 아래로 묘도와 묘도대교가, 그 뒤로 이순신대교가 보인다. 묘도에서 15km 떨어진 곳에 이순신 장군이 전사한 마지막 전투 장소 노량 해협이, 12km 떨어진 곳에 노량해전 시 왜군이 쏜 조총에 사망한 장소인 관음포가 있다.

전망대에서 몇 걸음 옮기면 가마봉에 닿는다. 가마봉에도 전망대가 있는데, 360도 어느 방향에서나 붉게 물든 진달래를 볼 수 있다. 특히 진례봉 방향의 전경이 압권이다. 수직 절벽을 이루는 바위가 층층이 쌓여 있고 나무 데크가 설치된 바위틈 사이로 진달래가 활짝 펴 연분홍색으로 곱게 물들어 있다.

가마봉에서 진례봉까지의 능선은 영취산 진달래의 하이라이트 구간이다. 흐드러지게 피어난 꽃 물결을 놓치지 않도록 천천히 걸으며 봄날의 정취를 만끽한다. 능선 중간 지점에는 커다란 바위산인 개구리바위를 오르내릴 수 있는 나무 데크가 있다. 데

크 주변 바위틈 사이사이에 화려하게 핀 진달래가 상춘객을 반긴다. 진례봉으로 가는 길에는 계속해서 뒤를 돌아보게 된다. 개구리바위와 가마봉 사이를 가득 메운 진달래와 쪽빛 남해의 풍경이 햇빛을 받아 더욱더 빛나기 때문이다. 활짝 핀 진달래 너머로 여수국가산업단지(여수산단)와 묘도대교, 그 뒤로 광양시와 파란 하늘이 한눈에 들어온다. 앞뒤로 진달래와 바다, 하늘이 어우러져 천상의 꽃길을 만들어낸다. 진달래가 만개한 능선을 지나 진례봉에 도착하면 영취산 정상석이 반긴다. 정상까지 오는 동안 보았던 풍경을 다시 한번 내려다본다. 보고 또 보아도 지겹지 않은 풍경이다.

하산은 왔던 길로 되돌아가면 된다. 들머리로 돌아가지 않아도 된다면 진례봉에서 남쪽으로 진행해 봉우재에서 흥국사나 삼일동주민센터 쪽으로 내려가도 된다.

강진 다산초당 –백련사–깃대봉

이동 거리	5.44km
소요 시간	3시간 10분
추천 시기	봄 > 가을

남도 여행 일번지, 강진. 강진 하면 제일 먼저 떠오르는 곳이 다산초당이다. 다산초당은 200여 년 전 다산 정약용에게는 고난의 유배지였겠지만, 지금은 마음의 환기나 사색이 필요할 때 걷기 좋은 오솔길을 내준다. 이 오솔길을 따라 40여 분 거리에 백련사가 있다. 백련사는 동백나무 숲과 차밭이 아름답기로 유명하다. 이후 만덕산 암릉에 올라 발아래로 백련사와 강진만의 장쾌한 풍경까지 감상하는 강진의 진수를 모두 체험할 수 있는 코스다.

🗺 **주변 관광지**

- 강진만생태공원 +8.3km
- 가우도 +8.7km

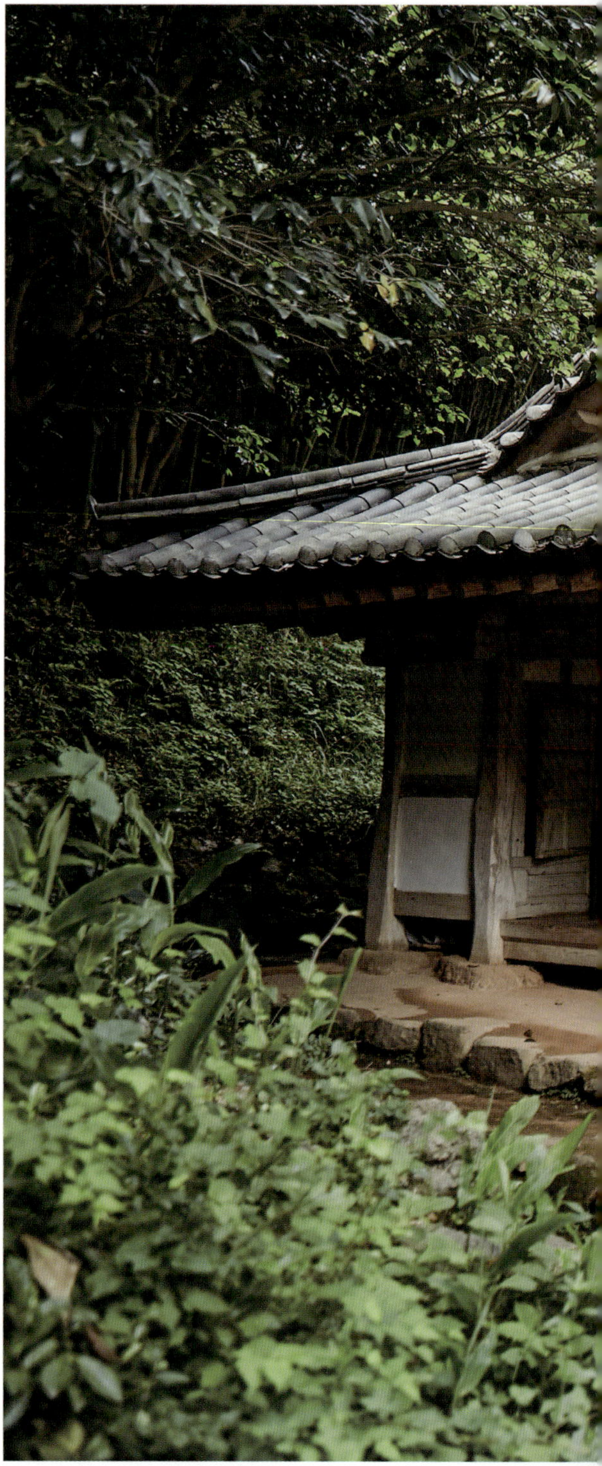

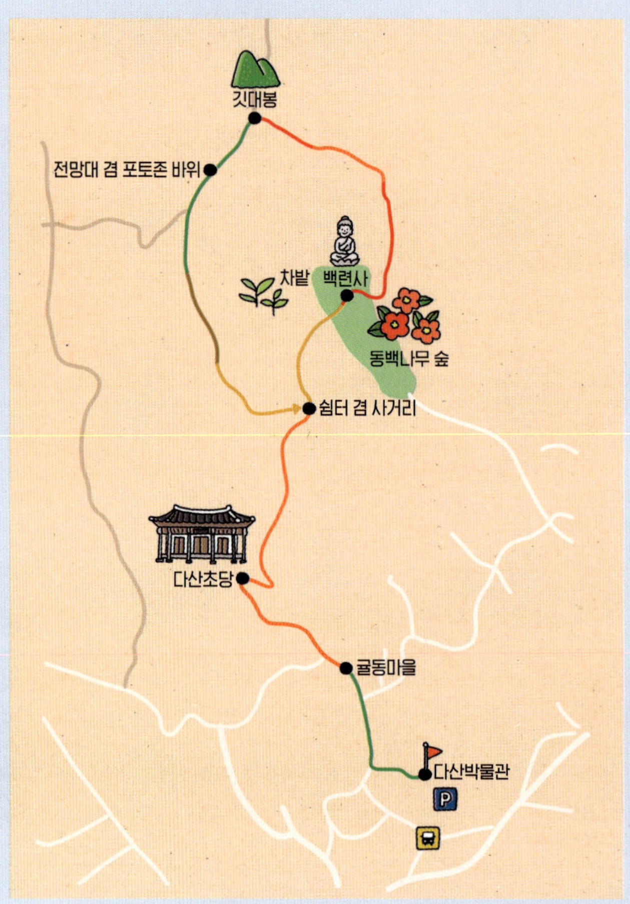

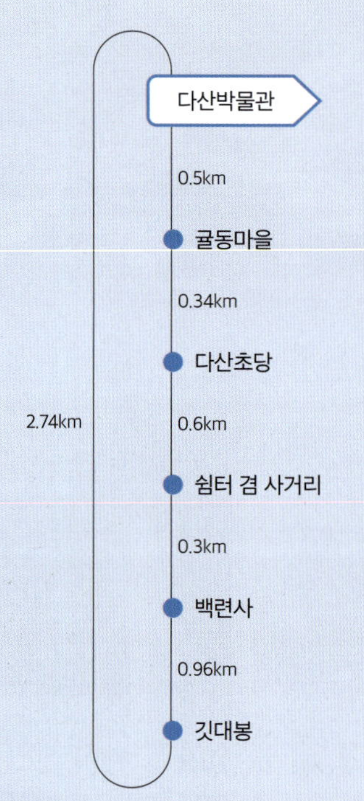

주의 사항

인적 드문 숲길이라 이른 아침이나 늦은 저녁 시간대는 피하는 것이 좋다.

이동 방법

🚗 자동차

목적지: 다산박물관

(전남 강진군 도암면 다산로 766-20)

🚌 대중교통

강진버스여객터미널에서 농어촌버스 다산초당행 승차 후 '다산초당'에서 하차한다.

추천 맛집

주변에 음식점이 강진읍과 병영면에 있는 유명 한정식 맛집을 소개한다.

🏠 해태식당

주소 전남 강진군 강진읍 서성안길 6

전화 061-434-2486

사장님의 정성이 가득 들어간 20여 가지가 넘는 반찬이 나오는 한정식집이다. 합리적인 가격대에 담백하면서도 깔끔한 한정식을 맛볼 수 있다.

🏠 설성식당

주소 전남 강진군 병영면 병영성로 92

전화 061-433-1282

은은한 불향을 입힌 연탄돼지불고기 맛이 일품이다. 기본상(2인 이상 주문)에는 생선구이, 홍어회, 양념게장, 갈치속 젓, 나물 등 상다리가 휘어지는 푸짐한 한 상이 차려진다.

다산박물관에서 귤동마을을 바라보면 기와지붕 뒤로 아담하고 부드러운 느낌의 만덕산 자락이 마을을 감싼다. 산자락 주변에는 야생 차(茶)나무가 많아 예로부터 주민들이 다산(茶山)으로 불렀다. 정약용은 강진 18년간의 유배 생활 중 10년을 이곳 다산 자락에서 보냈고, 다산을 자신의 호로 사용했다.

귤동마을에 들어서면 다산초당 이정표가 길을 잘 안내한다. 소나무와 삼나무 숲을 걷다 보면 나오는 울창한 숲에 폭 안긴 아담한 크기의 기와집이 다산초당이다. 다산초당은 다산 유배 당시에는 초가집이었으나 정면 5칸, 측면 2칸의 팔작기와지붕으로 복원되었다. 다산초당 서쪽에는 학생들이 기거했던 서암이, 동쪽에는 다산이 머물렀던 동암이 있다. 주변 산세의 풍경과 너무나도 자연스럽게 어우러진다.

동암을 지나 산모퉁이를 돌아서면 '하늘 끝 한 모퉁이'라는 뜻의 천일각 정자가 반긴다. 자리가 좋아 탁 트인 전망을 선사한다. 강진만과 그 뒤로 펼쳐진 부용산, 천관산, 천태산 등이 시원하게 펼쳐진다.

천일각에서 나와 백련사 가는 길로 접어든다. 800m에 이르는 길은 야생차와 아름다운 동백나무로 가득하다. 이 길은 유배 시절 다산이 백련사 주지이자 다산의 차 스승으로 알려진 혜장 스님을 만나러 가던 길이다. 산굽이를 서너 차례 돌다 보면 쉼터 겸 사거리를 만난다. 오른쪽은 해월루, 왼쪽은 만덕산 정상인 깃대봉으로 가는 길이다. 깃대봉은 백련사를 지나서도 연결되

1 다산초당
2 쉼터 겸 사거리

백련사 동백나무 숲

니 다산의 발자취를 따라 직진해 백련사를 먼저 방문한 후 깃대봉을 거쳐 왼쪽 길로 되돌아온다.

오솔길이 끝나는 지점에 백련사 차밭이 기다린다. 다산이 유배 당시 백련사의 주지였던 혜장 스님께 배우고 즐기던 바로 그 차(茶)와 같지 않을까 싶다. 이 차를 매개로 다산은 열 살 차이의 나이와 종교를 초월해 혜장 스님과 인간적인 대화와 학문적인 토론에 이르기까지 많은 이야기를 나누었다.

백련사 만경루 내부

이어 도착하는 백련사는 동백나무 숲으로 유명하다. 1,500여 그루의 동백나무가 비자나무, 후박나무 등과 함께 자란다. 동백나무가 성인 남자의 키보다 훨씬 높아 나무 밑을 여유롭게 지나갈 수 있으며, 크고 울창하다 보니 낮에도 햇살이 숲 안으로 들어오기 어려워 어두운 편이다. 백련사의 동백은 3월 말에 만개하며, 4월 초

땅 위에 떨어져 다시 한번 피는 모습도 아름답다. 백련사에서 꼭 봐야 할 전각은 만경루다. 이곳에 올라서면 남도의 정취를 물씬 느낄 수 있는 강진만 구강포가 한눈에 내려다보인다. 한여름에는 만경루 앞에 있는 배롱나무가 동백보다 더 붉게 물든다.

백련사 주차장 오른편에 깃대봉으로 올라가는 산길이 있는데 급경사로 정상까지 25분 정도 소요된다. 8부 능선까지 이어지던 숲길은 갑자기 돌길로 바뀐다. 조망이 트이며 발아래로 백련사와 강

바위 능선에 있는 전망대 겸 포토존 바위

진만이 한눈에 들어온다. 고도가 확보되면서 보이는 강진만의 풍경은 천일각과 만경루에서 바라보던 풍경과는 또 다른 모습이다.

조망처에서 5분 정도 오르면 만덕산 정상인 깃대봉이다. 정상 주위에는 나무가 많아 아쉽게도 조망할 수 있는 풍경이 없으니 바로 내려간다. 만덕산은 전체적으로 부드러운 흙과 숲이 있는 육산이지만 8부 능선 윗부분은 바위로 되어 있다. 바위 능선 중간에 전망대 겸 포토존이 되어주는 바위가 있는데, 이곳에 서면 강진만과 멀리 장흥군의 산들이 파노라마로 펼쳐진다. 바위 능선이 끝나면 부드러운 흙길로 바뀌고 급경사를 만난다. 내리막을 따라가면 지나갔던 쉼터 겸 사거리가 나오므로 같은 길로 되돌아간다.

바위 능선 끝에서 마주하는 선물 같은 풍경

해남 미황사
–도솔암
–달마고도

이동 거리	9.37km
소요 시간	5시간
추천 시기	봄 > 가을

미황사 대웅보전 뒤 길게 늘어선 달마산의 바위 봉우리는 저마다의 수려함을 뽐내며 서 있다. 빼어난 바위 능선과 에메랄드빛 남쪽 바다가 어우러진 달마능선의 풍경은 그야말로 절경이다. 이른 봄이면 바위 능선을 동백과 진달래가 가득 메운다. 달마능선 끝자락에 자리한 도솔암은 까마득하게 높은 수직 절벽 중간 지점에 자리해 허공에 떠 있는 듯하다. 이곳에 서면 남해의 아름다운 바다 풍경을 파노라마 뷰로 감상할 수 있다.

주변 관광지

• 포레스트수목원 +12km
• 땅끝 전망대 +17km

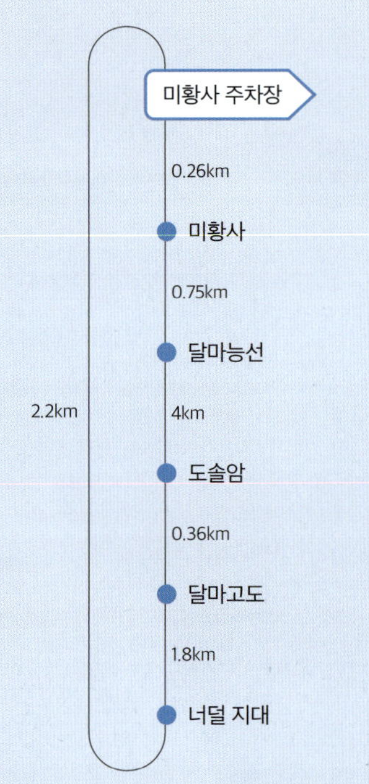

> **주의 사항**
> 달마능선은 바위 능선이라 등산화를 꼭 신어야 한다.

이동 방법

🚗 자동차

목적지: 미황사 주차장
(전남 해남군 송지면 미황사길 164)

🚌 대중교통

해남종합버스터미널에서 미황사행 농어촌버스 265·267번 승차 후 '미황사'에서 하차한다.

추천 맛집

🍴 천일식당

주소 전남 해남군 해남읍 읍내길 20-8
전화 061-535-1001

3대째 이어오는 식당으로 떡갈비정식과 불고기정식이 맛있다. 떡갈비는 석쇠에 넓게 구워 내는데 적당한 불맛과 더불어 씹는 맛이 좋다.

🍴 용궁해물탕[해남 본점]

주소 전남 해남군 해남읍 행운길 7
전화 061-535-5161

해물탕 전문점으로 해물탕에 전복, 새우, 딱새우, 대합, 갑오징어, 꽃게, 소라, 산낙지 등 신선한 해물이 푸짐하게 들어간다. 얼큰하고 시원한 국물맛이 좋다.

해남군청을 지나 땅끝으로 향하는 들판을 달리다 보면 공룡의 등뼈를 닮은 산줄기가 한눈에 들어온다. 8km에 이르는 바위 능선이 돋보이는 달마산이다. 이른 봄이면 달마산은 붉은 동백과 연분홍 진달래로 곱게 물든다.

미황사 주차장을 지나 일주문에 들어서서 천왕문으로 이어지는 S자의 완만한 계단길을 오른다. 계단 양쪽으로 동백이 피어 있고, 짧은 계단과 평지가 교차로 나와 꽃구경하며 여유롭게 걷기 좋다. 자하루를 지나 높은 축대를 오르면 미황사 경내다. 미황사는 749년(신라 경덕왕 8년) 의조화상이 창건했다. 보물로 지정된 큰 법당 대웅보전보다 그 뒤로 펼쳐진 달마산의 준봉이 먼저 눈에 들어온다. 빼어난 달마산 바위 능선에 반해 넋 놓고 한참을 바라본다. 단청이 벗겨질 정도로 오랜 시간 이곳을 지킨 대웅보전이 달마산 암릉과 잘 어우러져 고찰에 깊이를 더한다.

대웅보전을 뒤로하고 세심당을 지나 부도암 방향으로 간다. 미황사와 부도암 중간 지점에 달마능선으로 올라가는 산길이 있다. 산길은 험한 비탈인 된비알로 30여 분 치고 오르면 달마능선에 닿는다. 바위가 문처럼 서 있는 문바위 바로 옆이다.

달마능선 전망

달마능선

능선에 올라서면 조금 전에 방문했던 미황사가 내려다보이고, 그 뒤편으로 해남 들판과 어란진항까지 한눈에 들어온다.

　이곳부터 안전시설이 전혀 없는 암릉을 수십 차례 오르내리는 길을 반복해야 능선의 끝 지점인 도솔암에 닿는다. 탁 트인 시야 덕분에 바위 능선을 걷는 내내 좌우로 펼쳐진 남해의 풍경을 감상할 수 있다. 아름다운 남해의 풍경은 길고 긴 바위 능선을 걷는 내내 지루할 틈을 주지 않는다. 다만, 오르막과 내리막이 많다 보니 체력 소비가 심하다. 체력 안배를 잘 하면서 물과 간식을 제때 섭취해야 한다.
　거친 바위 능선 곳곳에 바위 사이로 연분홍 진달래가 얼굴을 내밀고 반긴다. 뾰족하고 사나운 회색 바위와 가냘파 보이는 연분홍 진달래의 대조적인 모습이 강렬하다. 바위와 진달래 뒤로 푸른 남쪽 바다가 끝없이 펼쳐진다. 봄날의 달마능선에서만 볼 수 있는 풍경이다.

바위 능선 중간중간에는 달마고도로 내려설 수 있는 길이 여러 곳 있다. 달마고도는 미황사 일주문에서 시작해 달마산 산허리를 한 바퀴 도는 둘레길이다. 총 연장 17.74km로 미황사의 옛 열두 개 암자를 잇는 순례 코스다. 바위 능선을 걷다 힘들면 달마고도로 내려가 미황사로 하산할 수 있다. 도솔암까지 가려면 도중에 달마고도로 빠지지 않도록 산길을 잘 살펴야 한다.

긴 능선 끝, 도솔암에 도착한다. 도솔암은 하늘에 닿을 듯 높이 솟은 수직 절벽 중간 지점에 자리한다. 경사면이 심한 터에 석축을 쌓아 올려 바닥을 평평하게 만든 뒤 암자를 세웠다. 마치 허공에 떠 있는 듯한 모습이다. 이 암자 터는 미황사를 창건한 의조화상이 도를 닦았던 장소다.

도솔암에서 10여 분 급경사 길을 내려서면 달마고도를 만난다. 이후 이어지는 달마고도는 편한 숲길이다. 거친 달마능선의 암릉과 비교되어 더욱 편하게 느껴진다. 달마고도 중간 지점에 다다르면 달마고도에서 가장 유명한 너덜 지대가 나온다. 달마능선의 하숙골재에서 내려오는 길과 만나는 곳이다. 좌우 60m, 위아래로 160m에 이르는 엄청난 규모의 산 사면을 가득 메운 수많은 돌은 신비로움 그 자체다. 너덜 지대 이후 또다시 이어지는 평탄한 숲길을 걷다 부도암에 잠시 들러 달마능선을 바라본다. 이곳에서 달마봉을 바라보면 준봉들이 마치 부처님이 누운 모습처럼 보인다. 능선을 뒤로하고 미황사 주차장으로 돌아간다.

1 달마고도
2 너덜 지대

아찔한 바위산에 올라 보는 푸른 서해

신안 비금도

이동 거리	5.36km
소요 시간	3시간 30분
추천 시기	가을 > 봄

비금도는 바다와 산을 잇는 신안군의 관광 명소다. 여행지로는 해안 굴곡이 하트 모양을 닮아 하트해변으로 알려진 하누넘해수욕장과 3.5km의 명사십리해변이 대표적이다. 최근에는 해수욕장과 더불어 그림산과 투구봉을 찾는 사람도 많다. 그림산에 오르면 광활한 염전과 시금치밭 그리고 주변 섬이 펼쳐진다. 커다란 바위기둥으로 이루어진 투구봉에서는 데크를 따라 하늘 위를 걸으며 비금도의 빼어난 풍광을 감상할 수 있다.

주변 관광지(가산항 기준)

• 비금도 명사십리해변 +7.5km

• 도초수국공원 +15km

이동 방법

🚗 자동차

목적지: 암태남강여객선터미널

(전남 신안군 암태면 중부로 1502-79)

🚌 대중교통

목포종합버스터미널에서 1004·2004번 버스 승차 후 '남강선착장'에서 하차한다.

추천 맛집

주변에 음식점이 없다. 비금면행정복지센터나 원평항 근처에서 식사한다.

🦪 풍년가든

주소 전남 신안군 비금면 비금북부길 481-3

전화 061-275-6124

다양한 메뉴 중 뼈해장국을 추천한다. 들깻가루의 고소함과 깔끔한 국물이 맛있다.

🦪 상하이

주소 전남 신안군 비금면 읍동길 40-2

전화 0507-1480-1220

꽃게, 새우, 홍합에 비금도 특산물인 시금치가 들어간 짬뽕이 시원하고 좋다.

전라남도 신안군은 천사의 섬으로 알려져 있다. 신안군의 크고 작은 섬들의 개수가 1,004개라서 붙은 이름인데, 실제 섬 개수보다는 섬이 그만큼 많다는 상징성을 갖는다. 암태남강여객선터미널에서 비금도로 들어가는 배에 오른다. 비금도로 이동하는 동안 신안군의 아름다운 섬들이 하나둘씩 스쳐 간다. 연이어 나타나는 섬을 배경으로 사진을 찍다 보면 40분이라는 시간이 금세 지나간다.

비금도 가산항에 발을 내딛자마자 힘차게 날아오르는 독수리 조형물이 시선을 끈다. 바로 옆에는 염전에 물을 대는 수리차와 수리차 발판을 밟으면서 물을 끌어올리는 사람의 모습이 조각되어 있다. 섬의 형태가 비상하는 새의 모습과 비슷해 이름을 지은 비금도, 그리고 우리나라에서 가장 먼저 천일염을 생산한 곳이라는 점을 형상화한 조형물이다.

선착장 한편에 주차된 마을버스를 타고 코스의 들머리인 상암마을로 향한다. 마산이라 불리는 작은 바위산을 지나자마자 이세돌바둑기념관 안내판이 보인다. 구글이 만든 인공지능 알파고와 세기의 대결을 펼쳤던 이세돌 9단의 고향이 바로 비금도다.

상암마을에서 본격적으로 트레킹을 시작한다. 부드러운 흙길을 따라 15여 분 걸으면 철제 계단이 나타난다. 계단 폭이 좁고 가팔라 위험하므로 조심히 올라야 한다. 꼭대기에 다다르면 제1포토존이 반긴다. 옥빛을 띠는 임리저수지와 그 뒤로 수대리 들판이 펼쳐진다. 간척을 통해 형성된 농경지는 네모반듯하게 정렬되어 있다. 이곳 풍경은 벼가 노랗게 들판을 물들이는 가을철에 가장 아름답다.

제1포토존

① 그림산 정상
② 투구봉

제1포토존 이후 이어지는 바위 능선길은 시야가 탁 트여 모든 장소가 전망대다. 한 걸음 한 걸음 옮길 때마다 다르게 펼쳐지는 섬 풍경에 발걸음이 쉬이 떨어지지 않는다. 새로운 경치가 보일 때마다 사진을 찍다 보면 시간이 지체된다. 계속 이어지는 바위 능선에 20여 분 발자국을 남기다 보면 그림산 정상이다. 동쪽으로는 천일염을 생산하는 염전 밭이, 서쪽으로는 농경지와 푸른 바다가 한눈에 보인다. 명사십리해변과 풍력 발전기가 북쪽으로 아득하게 자리한다.

정상에서 5~10분 거리에 투구처럼 생긴 바위산, 투구봉이 우뚝 솟아 있다. 마치 북한산 인수봉을 축소한 듯한 모습으로, 정상까지 데크가 설치되어 있다. 허공에 떠 있는 듯한 데크를 따라 정상에 오르면 비금도를 둘러싼 신안군의 섬과 바다, 그 뒤로 겹겹의 산 그리메가 한눈에 들어온다.

투구봉에서 주 능선으로 되돌아와 가파른 바윗길을 내려서면 죽치우실이다. '죽치'는 마을 이름이고, '우실'이란 서쪽에서 불어오는 바람으로부터 마을과 마을밭을 보호하기 위해 쌓은 성곽 모양의 돌담이다. 죽치우실에서 숲길을 따라 내려가면 죽치마을로 이어진다. 선왕산까지 가는 것이 힘들다면 이곳에서 죽치마을로 하산하는 것도 좋다. 죽치우실에서 선왕산까지는 바위 능선길로 40~50분 정도 걸린다. 선왕산이 가까이 보여 20~30분이면 충분히 도착할 것처럼 보이나, 능선에 오르막이 많고 바윗길이라 생각보다 시간이 많이 소요된다. 바위 능선을 걷는 내내 파란색으로 칠한 내월리 마을의 지붕과 그 뒤로 매섬이 함께 따라온다.

선왕산에서 보이는 하트해변

선왕산에 서면 지나온 바위 능선과 투구봉이 시원스럽게 조망된다. 그리고 북서쪽으로는 하트해변(하누넘해수욕장)이 보인다. '하누넘'은 하늬바람(서쪽에서 부는 바람)이 넘어오는 곳을 의미한다. 해안선이 하트 모양을 닮아 하트해변으로 더 많이 알려져 있다. 해변 주변에는 상점이나 식당 등 상업 시설이 없다.

이곳에서 비금도 개인 택시를 호출해 항구로 돌아간다. 택시는 보통 가산항 쪽에 있어 도착하는데 20~30분 걸린다. 하트해변에서 택시를 타고 가산항 쪽으로 가는 길에 하트 모양의 해안가를 명확하게 볼 수 있는 전망대가 있다. 택시 기사님에게 부탁하면 잠시 전망대에서 사진 찍을 시간을 허락해준다. 때로는 택시 기사님이 전망대의 하트 조형물을 이용해 예술 사진을 찍어주기도 한다. 기억해 두었다가 전망대에서 잠시 멈춰 인생 사진을 찍고 가산항으로 이동하자.

PART
6
경상도 트레킹

대견봉 정상 30만 평을 덮은 진분홍 참꽃

대구 비슬산

이동 거리	8.52km
소요 시간	3시간 30분
추천 시기	봄 > 가을

해발 고도 1,000m에 있는 대견사에는 깎아지른 절벽 끝에 삼층석탑이 자리하고 뒤편으로 우리나라에서 가장 넓은 참꽃(진달래) 화원이 펼쳐진다. 높은 고도로 확보된 탁 트인 조망은 덤이다. 해발 고도가 높지만 들머리인 비슬산자연휴양림 공영주차장이 해발 고도 500m에 위치해 실제로는 500m 높이의 산을 오른다고 생각하면 된다. 대견사까지 이르는 길 중간중간에는 돌덩어리가 은하수처럼 퍼져 있는 암괴류가 있다.

🗺️ 주변 관광지

• 유가사 +3.9km

• 도동서원 +13km

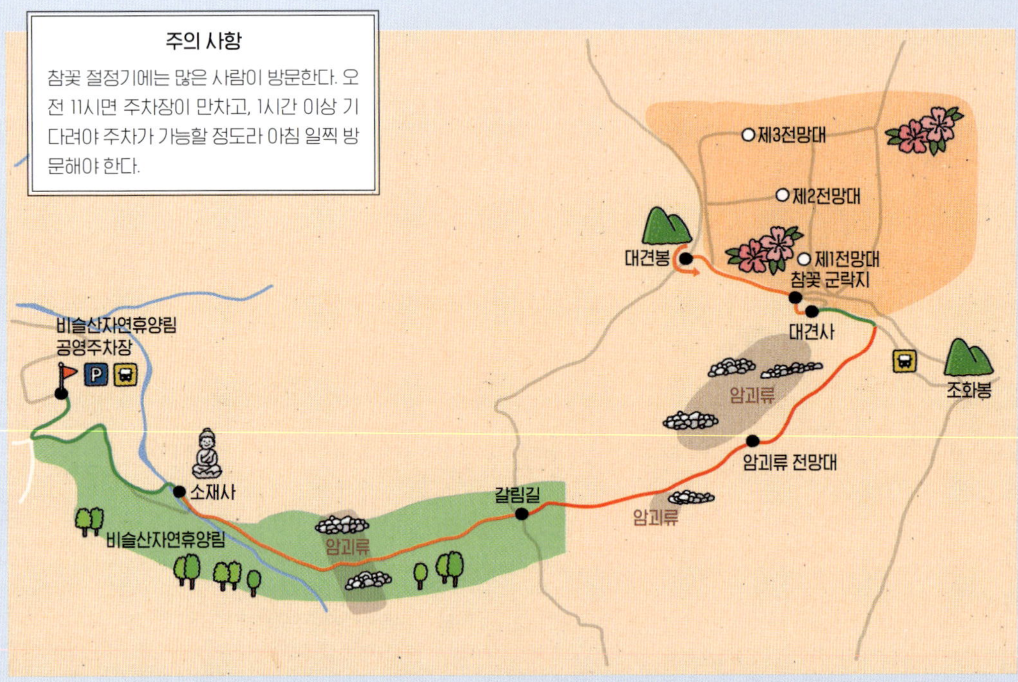

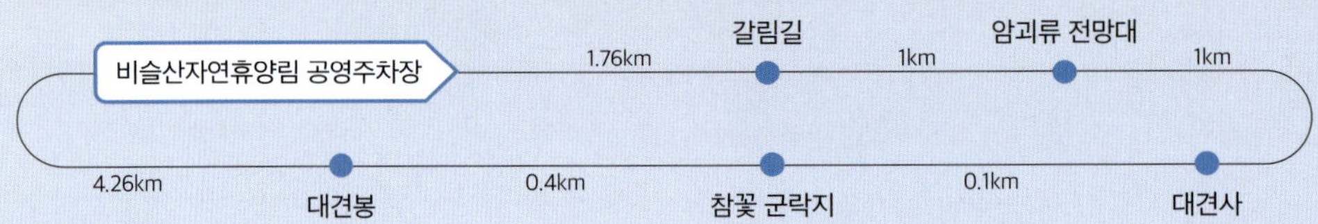

이동 방법

🚗 자동차

목적지: 비슬산자연휴양림 공영주차장
(대구 달성군 유가읍 휴양림길 236)

🚌 대중교통

현풍공영버스정류장에서 450m 이동해 '현풍새마을금고' 정류장에서 665·달성5번 버스 승차 후 '비슬산휴양림주차장'에서 하차한다.

추천 맛집

주변에 음식점이 없다. 7km 떨어진 현풍읍에서 식사를 해결하자.

🍲 원조 현풍 박소선 할매집곰탕(본점)

주소 대구 달성군 현풍읍 현풍중앙로 56-1
전화 0507-1369-2143

70년간 3대가 곰탕 맥을 잇는 식당. 국물이 담백하고 쫄깃쫄깃한 고기 맛이 좋다.

🍲 현풍닭칼국수(현풍 본점)

주소 대구 달성군 현풍읍 현풍중앙로 50
전화 053-611-8880

닭칼국수가 대표 메뉴로 닭을 우려낸 육수에 잘게 찢은 닭고기가 나온다.

비슬산의 하이라이트는 정상인 천왕봉에서 3km 떨어진 참꽃 군락지다. 대견사 뒤편 대견봉과 조화봉 사이의 30만 평의 광활한 평원에 진분홍의 참꽃이 끝없이 펼쳐진다. 참꽃을 보기 위한 이 코스는 비슬산자연휴양림 공영주차장에서 시작한다.

공영주차장에서 참꽃 군락지 바로 밑에 있는 대견사까지 셔틀버스를 운행하는데 공영주차장의 매표소에서 아침 9시 20분의 첫차를 시작으로 20~25분 단위로 출발한다. 참꽃 축제 기간에는 아침 9시에서 10시 사이에 모든 시간대의 표가 매진된다. 올라가는 길은 트레킹을 즐기고 내려올 때 셔틀버스를 이용하는 방법도 있다. 대견사 매표소에서 마지막 셔틀버스의 하행 시간은 17시 30분이며 사전 예매는 할 수 없다.

공영주차장에서 비슬산자연휴양림 입구를 지나 5분 정도 가면 소재사고, 이후 울창한 숲길이 이어진다. 하늘 높이 솟은 나무들은 신록이 우거져 청량감을 더한다. 셔틀버스가 다니는 임도와 등산로 갈림길에서 등산로로 향한다. 이곳부터 대견사까지는 2km로 돌계단과 데크가 반복되며 1시간 정도가 소요된다.

산길을 오르다 대견사 1km를 남겨둔 지점에 암괴류 전망대 이정표가 있다. 이정표를 따라 탐방로에서 10m 정도 옆으로 이동하면 색다른 풍경을 맞이한다. 전망대 위아래로 바위 크기만 한 암석 덩어리가 산 사면을 가득 메우고 있다. 엄청난 규모의 암석 덩어리 군락지에 감탄과 놀라움을 금치 못한다. 대견사에서 시작한 암괴류는 산 사면을 타고 비슬산자연휴양림까지 2km가 이어지는데, 네다섯 곳의 전망대 대부분은 탐방로를 벗어나거나, 입구가 잘 보이지 않아 그냥 지나쳐 올라오기 쉽다. 하지만 이

암괴류 전망대 전경

곳 전망대는 확실한 이정표와 산 사면 경사가 15도를 이루어 암괴류가 흘러내리는 듯한 모습을 가장 잘 볼 수 있다.

비슬산 암괴류는 1만~8만 년 전인 빙하기 후대에 형성된 것으로 추정된다. 땅 속 깊이 자리를 잡고 있던 바위 크기만 한 돌들이 지표면의 흙이 씻겨 내려가자 그 모습을 드러내고, 산의 경사로 인해 흘러내리면서 산 사면과 계곡에 차곡차곡 쌓였다. 이곳은 빙하기 암괴류 중 세계 최대 규모를 자랑한다. 빙하기가 만들어낸 독특한 지형 자원이라 천연기념물로 지정되었다.

산길을 다 오르면 평탄하고 넓은 길이 좌우로 펼쳐진다. 오른쪽은 셔틀버스 탑승장으로, 왼쪽은 대견사로 가는 길이다. 왼쪽으로 서너 걸음 옮기면 깎아지른 바위 절벽 끝에 자리해 허공에 떠 있는 듯한 삼층석탑과 대견사가 눈에 들어온다. '크게 보고, 크게 느끼고, 크게 깨우친다'라는 뜻의 대견사는 810년(신라 헌덕왕 2년)에 창건된 것으로 여겨진다. 일제 강점기 때 풍수지리적으로 이곳이 일본의 기운을 다스리는 중요한 혈 자리에 위치하고, 대웅전이 대마도를 바라보는 방향에 있어 일본의 기운을 빨아들인다는 이유로 폐사되었다. 100여 년 가까이 삼층석탑만 남아 있다가 2014년 3월 1일 복원되었다. 벼랑 끝에 서 있는 대견사 삼층석탑 옆에 서서 현풍읍과 그 뒤의 낙동강을 한눈에 조망한다.

삼층석탑을 뒤로하고 가파른 계단을 오르면 진분홍의 천상 화원인 참꽃 군락지를 만난다. 30만 평 평원을 진분홍 참꽃이 가득 메웠다. 군락지는 데크를 따라 둘러볼 수 있다. 데크는 참꽃 군락지를 중심에 두고 바깥쪽으로 크게 한 바퀴 돌며, 안쪽으로 이곳저곳을 갈 수 있게 길이 나 있다. 군락

대견사 삼층석탑

대견사와 참꽃 군락지

지에 제1~3전망대와 천제단이 있는데, 데크길이 미로처럼 연결되어 있어 세 곳의 전망대와 천제단을 한 번에 찾기가 쉽지는 않다. 시간을 두고 참꽃 구경을 하면서 천천히 걷는 여유가 필요하다.

참꽃 군락지에서 남서쪽으로 5~10분 거리에는 대견봉이 있다. 대견봉에서 조화봉에 이르는 능선을 기준으로 오른쪽은 깎아지른 절벽이고 왼쪽은 너른 평원 지대다. 대견봉에 서면 절벽 끝에 간들간들 매달린 대견사 삼층석탑이 보인다. 참꽃 군락지에서 시작해 대견사를 거쳐 현풍읍으로 이어지는 파노라마 뷰를 감상하고 들머리인 비슬산자연휴양림 공영주차장으로 돌아가 트레킹을 마무리한다.

기차 여행과 낙동강 상류 협곡의 낭만

봉화 낙동강 세평하늘길 양원역-승부역

이동 거리	5.79km
소요 시간	2시간
추천 시기	가을 > 봄

낙동강을 가운데 두고 절벽과 바위산으로 둘러싸인 협곡 사이를 짜릿하게 걸을 수 있는 코스다. 양원역에서 승부역까지 이어지는 세평하늘길은 차량이 다닐 수 없는 오지 중의 오지라 자연 그대로의 풍경을 만날 수 있다. 위험한 바위 지대에는 안전한 잔도가 설치되어 협곡의 비경과 함께 아찔함도 선사한다. 트레킹을 끝내고 이용하는 백두대간협곡열차를 통해 다시 한번 낙동강 상류의 아름다움을 즐길 수 있다.

🗺️ **주변 관광지**(양원역 기준)

- 분천역 산타마을 +12km
- 국립백두대간수목원 +40km

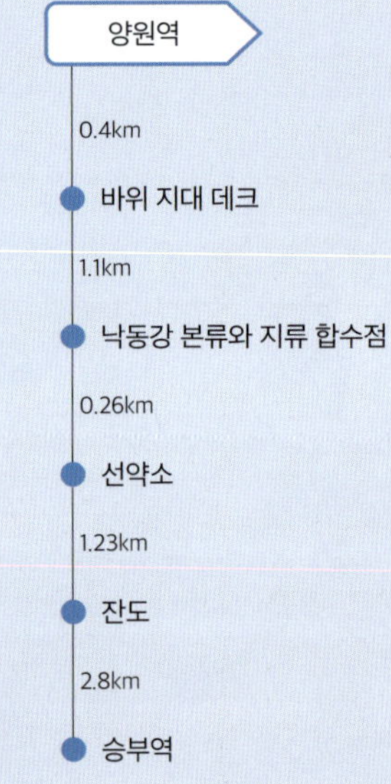

주의 사항

- 들머리로 돌아갈 때 기차를 이용하려면 코레일을 통해 사전에 기차표를 예매해야 한다.
- 역과 주변에 음식점과 편의점이 없다. 사전에 물과 간식을 준비하자.

이동 방법

🚗 자동차

목적지: 전곡리동회관(경북 울진군 금강송면 전곡2길 271)

🚌 대중교통

KTX 강릉역에서 동해산타열차 탑승 또는 KTX 영주역이나 분천역에서 백두대간협곡열차(V-트레인) 탑승 후 양원역에서 하차한다.

추천 맛집

주변에 음식점이 없다. 11km 거리의 분천역 근처 음식점을 소개한다.

🍴 봉덕식당

주소 봉화군 소천면 분천2길 4-10
전화 054-673-6152

깔끔하고 담백한 소머리곰탕, 얼큰하고 구수한 한우국밥 외에 수수부꾸미, 메밀전병 등도 맛있는 숨은 맛집이다.

🍴 산타육칼

주소 경북 봉화군 소천면 분천2길 8-1
전화 054-673-5159

육개장칼국수와 밥이 한 세트다. 봉화 한우를 가마솥에 끓여 만든 육수에 채소와 버섯, 고기가 푸짐하게 들어간다.

경북 봉화군에 있는 양원역은 우리나라 최초의 민자 역사다. 낙동강을 가운데 두고 철길이 있는 쪽 마을이 봉화군 원곡마을, 반대쪽은 울진군 원곡마을(현재 행정명은 전곡리)이다. 철도만이 유일한 교통수단이었던 1988년 양쪽의 원곡마을 주민들이 대통령에게 간이 역사를 지어달라고 탄원서를 제출하면서 이곳이 들어섰다. 양원역은 '양쪽의 원곡'이라는 뜻이다.

양원역 대합실

양원역이 생기기 전에는 마을 주민들이 분천역이나 승부역에서 원곡마을까지 걸어왔는데, 주민들이 걷던 이 길이 낙동강 세평하늘길의 모태다. 낙동강 세평하늘길은 분천역에서 시작해 비동승강장, 양원역을 지나 승부역에 이르는 걷기 여행길이다. 세 개의 코스로 전체 길이는 12.1km다. 이 중 양원역부터 승부역까지는 '양원 승부 비경 구간'이라는 애칭으로 불릴 정도로 가장 아름답다. 양원역이 만들어진 이야기를 바탕으로 한 영화 〈기적〉을 이곳에서 촬영했다.

바위 지대 데크

1 데크의 눈사람
2 시멘트길에 쓰인 문구

양원역 플랫폼 옆으로 설치된 데크를 따라 트레킹을 시작한다. 낙동강 상류를 거슬러 올라가는 코스다. 철로 옆으로 걷던 길이 강가로 내려서자마자 낙동강 상류의 깨끗한 물줄기 옆으로 자리한 절벽과 바위산의 웅장함에 압도된다.

소나무가 자라는 바위 지대의 데크에서 두 명의 눈사람이 반겨준다. 데크 앞으로 난 길을 바라보면 낙동강과 철길이 절벽 지대를 따라 유려한 곡선을 그리면서 평행하게 이어진다. 이 길은 철길과 이웃한 시멘트길로 이어진다. 중간쯤에 도착하면 봉화를 상징하는 세 마리의 호랑이 그림과 함께 '승부역은 하늘도 세 평(坪)이요 꽃밭도 세 평이나 영동의 심장이요 수송의 동맥이다'라는 글씨가 보인다. 분천역에서 승부역까지 이어지는 길을 '세평하늘길'로 명명한 이유다.

3분의 1 지점에 다다르면 낙동강은 두 갈래로 나뉜다. 왼쪽이 본류고, 오른쪽이 지류다. 두 물이 합수되는 곳에 널따란 암반들이 있어 잠시 쉬어갈 수 있다. 선약소에 다다르면 낙동강 왼편에는 깎아지른 산사면이, 그 건너편에는 두 개의 우뚝 솟은 바위 봉우리 연인봉이 자리한다. 산사면에 설치된 400m의 데크를 안전하게 통과하면 이번에는 철길 옆의 시멘트길을 만난다. 700m에 이르는 길로 오른쪽으로 낙동강이 함께한다. 시멘트길 중간 지점에 위치한 바위산을 지날 때는 가장자리에 설치된 잔도를 따라 걷는다. 잔도는 낙동강 쪽으로 뻗어 있어 짜릿함과 아찔함을 선사한다. 시멘트길이 끝나면서 철길은 산을 관통하고 물길은 산을 감싸고 휘돌아 돈다. 세평하늘길은 이 물길을 따른다. 이곳부터 승부역까지의 2.5km는 인간의 문

① 낙동강 본류와 지류 합수점
② 바위 지대의 잔도 ③ 낙동강 가

명이 전혀 느껴지지 않는 오직 많은 사람의 걸음이 쌓여 만들어낸 자연스러운 길이다. 걷기 부담 없는 평지로 오솔길, 자갈밭, 바위 구간이 반복되나 위험한 구간은 없다. 인위적으로 다듬지 않은 길이라 더 사랑스럽다.

승부역에 도착한 뒤에는 기차를 타고 양원역으로 돌아간다. 무궁화, 백두대간협곡열차, 동해산타열차, 누리로를 이용할 수 있는데 이 중 백두대간협곡열차를 추천한다. 열차 양쪽 창문이 통유리로 되어 있어 낙동강 상류의 비경을 기차에서 감상할 수 있다.

기암괴석이 만들어내는 수려한 가을 경관

봉화 청량산

이동 거리	8.64km
소요 시간	4시간 40분
추천 시기	가을 > 봄

낙동강 상류 옆에 우뚝 솟은 청량산은 기암괴석으로 이루어져 수려한 자연 경관을 자랑한다. 산 한가운데 자리한 청량사와 이곳을 연꽃잎처럼 겹겹이 둘러싼 바위 봉우리의 풍경은 보는 순간 절로 감탄이 나온다. 청량산의 여러 코스 중에서도 숨은 전망대인 밀성대와 청량사를 한눈에 조망할 수 있는 어풍대, 그리고 하늘다리를 연결하는 코스를 소개한다. 시간이 부족하거나 체력이 부담된다면 밀성대와 청량사까지만 다녀와도 좋다.

주변 관광지

- 고산정 +6.7km
- 농암종택 +7.2km

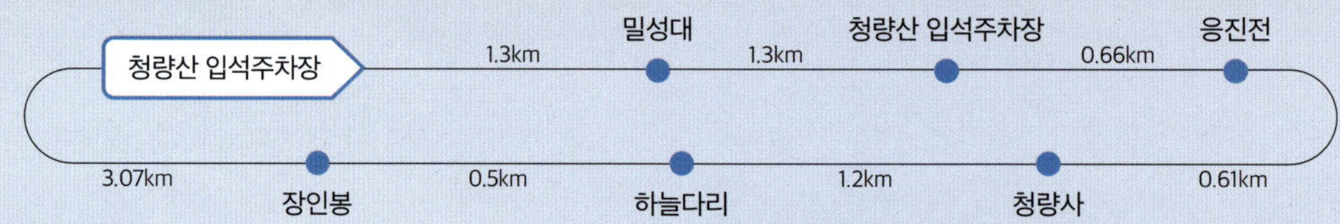

이동 방법

🚗 자동차

목적지: 청량산 입석주차장(청량산길 인근 주차장 입구)
(경북 봉화군 명호면 청량산길 278)

🚌 대중교통

봉화공용정류장에서 농어촌버스 16번 승차 또는 안동 시내 '교보생명(구 안동역 방면)' 정류장에서 청량산행 512번 버스에 승차한다. '청량산도립공원' 하차 후 800m(도보 17분) 이동한다.

추천 맛집

🍴 청봉숯불구이

주소 경북 봉화군 봉성면 미륵골길 3
전화 054-672-1116

돼지숯불구이는 숯불에 구운 돼지고기가 솔잎에 올려져 나온다. 기름이 쏙 빠진 담백함과 바삭바삭한 식감이 좋다.

🍴 청량산 청포도식당

주소 경북 봉화군 명호면 광석길 46-32
전화 054-672-8108

산채비빔밥에 직접 채취한 나물이 들어간다. 식감이 부드럽고 향이 좋다.

청량교부터 4.5km 떨어진 오마도터널을 연결하는 지방도가 청량산길이다. 청량산은 이 길을 기점으로 양옆으로 깎아지른 듯한 바위 절벽이 자리한 V자 협곡 모양이다. 청량산 산행은 대부분 청량사와 열한 개의 봉우리가 아름답게 조화를 이루는 청량산길 북쪽 지역에서 진행된다. 하지만 숲 전체를 보려면 숲 밖으로 나가야 하듯 수려한 협곡과 봉우리를 제대로 보려면 청량산길 남쪽 능선을 올라야 한다. 청량산을 한눈에 조망할 수 있는 밀성대를 추천하는 이유다.

청량산 입석주차장에서 청량산휴게소 방향으로 진행해 이정표를 따라 청량산성 입구에 도착한다. 입구에서 밀성대까지는 700m로 거리는 짧지만 가파른 산성길이라 30분 정도가 소요된다. 청량산성은 청량산의 험준한 지세로 인해 삼국 시대부터 군사적 요충지로 발전했다. 고려 공민왕이 1361년 2차 홍건적의 난을 피해 이곳에 머무른 적이 있어 청량산에는 그와 관련된 유적과 설화 등이 많다. 밀성대는 과거 공민왕이 처형 장소로 이용했다고 알려졌다. 쉽게 다가서지 못할 정도로 아찔하게 깎아지른 수십 미터의 수직 절벽을 보고 있으면 이곳이 괜히 처형 장소로 이용된 것이 아님을 실감할 수 있다. 밀성대에서 산성을 따라 축융봉 쪽으로 10분 정도 이동하면 산봉우리 뒤로 숨어 있던 청량사가 보인다. 청량사 오른쪽의 사람이 도저히 지나갈 수 없어 보이는 바위 지대 중간쯤에 위치한 전각은 응진전이다.

청량산성을 내려와 청량사 쪽으로 발걸음을 옮긴다. 다시 입석주차장에서 10분 정

1 밀성대 풍경
2 밀성대에서 축융봉 쪽으로 이동해 청량사를 바라 본 풍경

도 진행하면 길이 청량사와 응진전 방향으로 갈라진다. 청량사를 가장 잘 전망할 수 있는 어풍대는 오른쪽의 응진전 방향으로 가야 만날 수 있다. 청량사 방향은 굴곡 없는 평탄한 산길이니 하산할 때 이용한다.

삼거리에서 급경사 계단을 오른 후 부드러운 흙길을 따라가면 커다란 바위 절벽 밑에 자리한 응진전이 나온다. 응진전 아래쪽은 깎아지른 절벽이다. 위아래로 놓인 바위 절벽 틈 사이로 길이 있는 것이 신기할 따름이다. 응진전은 주존불로 석가모니를 봉안하고 좌우 주위에 석가모니의 제자인 나한을 모시는 불전이다. 익살스러운 표정의 16나한과 더불어 2차 홍건적의 난 때 공민왕과 함께 피난했던 노국공주의 상(像)도 함께 있다.

어풍대에서 보이는 청량사

응진전에서 어풍대로 이르는 250m의 길은 가을철 노란 단풍으로 물든다. 가을이 아니더라도 울창한 숲과 부드러운 산길의 어우러짐이 좋아 천천히 걸으며 힐링하기 안성맞춤이다. 또한 이 구간에는 통일신라 시대의 학자 최치원과 관련된 명소가 세 곳 있다. 그가 책을 읽고 바둑을 즐겼던 풍혈대, 그가 잠시 거처했던 치원암 터, 그가 마시고 총명해졌다는 총명수 등 최치원의 발자취를 하나씩 찾아보는 재미도 쏠쏠하다.

어느 곳 하나 절경 아닌 곳이 없는 청량산에서 최고의 전망대로 알려진 곳이 어풍대다. 이곳에 서면 산 중심에 자리 잡은 청량사와 이를 둘러싼 열한 개의 봉우리 중 아홉 개를 한눈에 담아 볼 수 있다. 청량사는 원효대사가 663년(신라 문무왕 3년)에 창건했다고

하늘다리

전해지는 천년 고찰이다. 이곳 유리보전에 공민왕의 친필 현판이 달려 있다.

청량산의 또 다른 전망대는 90m 길이의 산악 현수교량인 하늘다리다. 선학봉과 자란봉을 연결하는 다리로 폭 1.2m, 지상고(地上高) 70m에 이른다. 다리 중간에 서면 축융봉과 밀성대를 잇는 능선과 오른쪽으로 낙동강이 굽이쳐 흐르는 파노라마 같은 풍경을 볼 수 있다. 하늘다리에서 10~15분을 더 걸으면 청량산 정상인 장인봉이다. 정상석 주위는 나뭇가지로 인해 조망이 없고, 정상석을 지나쳐 조금만 더 진행하면 굽이굽이 흐르는 낙동강의 풍경을 볼 수 있다.

퇴계 이황은 스스로를 '청량산인'이라 부르며 제자들과 함께 청량산을 자주 찾았고, 청량산을 소재로 한 시만 수십 편을 남겼다. 밀성대를 시작으로 어풍대, 청량사, 하늘다리를 거쳐 장인봉 위에 서보니 퇴계가 왜 그토록 청량산을 사랑했는지 온몸으로 깨닫게 된다. 퇴계가 사랑했던 청량산의 풍경을 한참 바라보다 청량사로 내려와 평탄한 산길을 따라 돌아간다.

낙동강을 따라 걸으며 단풍에 취하다

안동 퇴계 예던길 5코스 (왕모산성길)

이동 거리	10.35km
소요 시간	4시간
추천 시기	가을 > 봄

안동 도산면 갈선대는 잘 알려지지 않은 풍경 맛집이다. 깎아지른 절벽을 따라 낙동강이 굽이쳐 흐르고, 주변으로 산과 넓은 들판이 펼쳐진다. 특히 거대한 바위 절벽 사이로 흐르는 낙동강과 그 끝에 자리 잡은 고산정의 풍경은 이 코스의 백미다. 수려함을 뽐내는 낙동강 상류의 풍경을 퇴계 예던길 5코스에서 만나보자. 퇴계 예던길은 안동호의 절경과 다양한 유교문화유적을 함께 즐길 수 있는 길이 91km, 아홉 개 코스의 자연친화적 탐방로다.

🗺 **주변 관광지**(왕모산 주차장 기준)

- 이육사문학관 +2.8km
- 퇴계종택 +5.5km

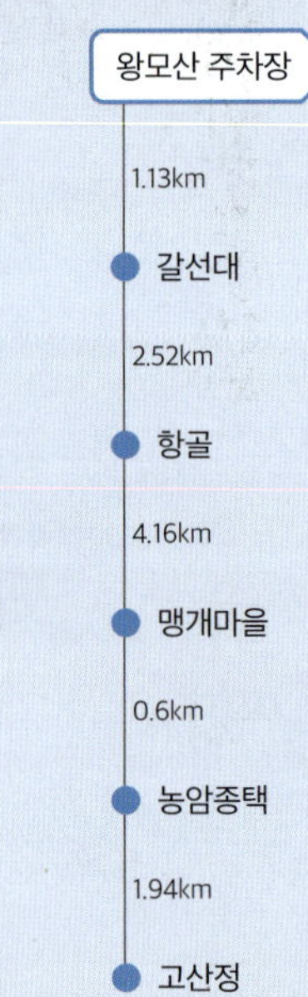

주의 사항

- 그늘이 없는 도로를 걷는 구간이 있다. 자외선을 막기 위해 선크림과 챙이 있는 모자를 준비하자.
- 고산정에서 왕모산 주차장으로 돌아갈 때는 버스 편이 없으므로 도산면 택시(054-856-1031)를 이용한다.

이동 방법

🚗 자동차

목적지: 왕모산 주차장

(경북 안동시 도산면 왕모산성길 163)

🚌 대중교통

안동터미널에서 급행3번 버스 승차 후 '내살미'에서 하차한다.

추천 맛집

🍜 메밀꽃피면

주소 경북 안동시 도산면 선성4길 22

전화 054-843-1253

메밀을 주재료로 한 메뉴를 제공하는 건강한 한식집이다. 정식 메뉴에는 안동 향토 음식이 밑반찬으로 나온다.

🍜 도산밥집

주소 경북 안동시 도산면 퇴계로 2618-1

전화 054-859-0060

시골 어머니의 밥상 느낌이 나는 시골 한식 뷔페. 반찬은 국 포함 15가지 내외다. 나물 반찬이 모두 맛있다.

안동 퇴계 예던길 5코스의 들머리는 왕모산 주차장이다. 주차장에서 숲길로 접어들자마자 짧은 오르막을 오른다. 오른쪽으로 펼쳐지는 원천리의 시골 들판과 들판을 휘어나가는 낙동강의 목가적인 풍경이 오르막의 힘든 여정을 보상해준다. 길은 하늘 높이 솟은 소나무 능선길로 이어진다. 오르막을 오를 때와는 전혀 다른 길로 소나무 숲속에서 고요하게 산책하는 기분이다. 숲길은 어느 순간 데크로 바뀌고, 데크를 따라 부담 없이 걷다 보면 갈선대(칼선대) 이정표를 만난다. 갈선대는 탐방로에서 20m를 벗어나 있다.

갈선대에 서면 마을을 휘감아 도는 낙동강과 낙동강을 병풍처럼 둘러싼 바위 절벽이 한눈에 들어온다. 강이 마을을 감싸면서 흘러가는 '물돌이 지형'은 여러 곳에 있지만, 바위 절벽이 물길을 따라 이어진 풍경은 이곳에서만 볼 수 있다. 갈선대 한쪽에는 이육사의 시 〈절정〉이 쓰여 있다. 이육사는 일제 강점기 때 열일곱 번의 옥살이를 견디며 조국 광복의 염원을 노래한 민족 시인으로 이곳에서 〈절정〉의 시상을 떠올렸다고 한다. 2.8km 떨어진 위치에는 이육사의 생가가 있다.

갈선대 풍경

1 숲길로 들어서는 구간의 이정표
2 맹개마을

갈선대 이후 1km 정도 이어지는 데크는 단풍나무와 참나무, 아름드리 소나무가 우거져 산림욕장을 걷는 기분이다. 가을이면 단풍나무와 참나무가 울긋불긋 물들어 장관을 연출한다. 데크가 끝나면 조금은 거친 숲길이 이어지는데 산굽이를 돌고 돌아 단천리 항골에서 끝난다. 항골부터는 낙동강을 옆에 끼고 도로를 걷는다. 차량은 거의 다니지 않아 시골의 한적한 도로를 여유롭게 걸을 수 있다. 단천교와 단천리 마을을 통과하면 시멘트 임도를 만난다. 퇴계 예던길 5코스는 이 임도를 잠시 걷다가 숲길로 들어서야 한다. 이정표가 임도가 아닌 숲속에 있어 잘 보이지 않으니 주의 깊게 살펴봐야 한다. 맹개마을 1.6km 이정표를 따르면 된다. 평탄하던 숲길은 어느 순간 깎아지른 벼랑 끝을 통과하는 거친 길로 바뀐다. 바위 지대 사이로 사람 하나 겨우 지나갈 수 있는 길이 난 것이 신기할 따름이다.

아찔하고 가파른 벼랑길을 내려오면 3만여 평의 농장이자 팜스테이 공간인 맹개마을이 반긴다. 밀을 생산해 만든 진맥소주의 탄생지다. 낙동강의 푸르른 자연과 어우러진 예쁜 집들은 마치 스위스의 산골 마을에 와 있는 듯한 착각이 든다.

이곳부터 퇴계 예던길 5코스는 강을 건너지 않고 산길을 따라 고산정까지 이어지지만 농암종택을 가려면 강을 건너야 한다. 강은 물살이 약한 곳에 형성된 자갈밭을 통해 건널 수 있다. 강물이 조금이라도 자갈밭을 넘으면 건널 수 없다. 강을 건너면 강각과 애일당, 농암종택, 분강서원 순으로 관람할 수 있다. 농암종택은 조

선 중기 어부가로 유명한 농암 이현보의 종
택이다. 종택 내 공간은 숙박 및 문화 체험 등
으로 공개한다. 일반 관람은 오전 11시부터
오후 3시까지 허락된 공간만 볼 수 있다. 강
가를 따라 고산정으로 가는 길에는 청량산
이 보인다. 이 길은 퇴계 이황이 도산서원과
청량산을 오갈 때 걷던 길이다. 400여 년이
라는 시차를 두고 퇴계 이황 선생과 같은 길
을 걷는다.

강각

　드라마 〈미스터 선샤인〉의 촬영지로 유명한 고산정은 이황의 제자인 금난수가
지은 정자다. 정자에서 강을 바라보는 풍경보다는 강 건너편에서 정자를 바라보는
풍경이 더 아름답다. 낙동강이 가운데를 흐르고, 그 옆으로 거대한 바위 절벽이 대
문처럼 서 있다. 드라마의 주인공이었던 이병헌과 김태리가 배를 타고 강을 건너는
장면이 떠오르면서 고산정 주위의 풍경이 더 아름답게 느껴진다.

강 건너편에서 바라본 고산정

기암절벽을 감상하며 걷는 바위 협곡길

청송 주왕산 주왕암

이동 거리	9.49km
소요 시간	3시간 30분
추천 시기	가을 > 봄 > 여름

우리나라에서는 보기 힘든 거대한 바위 협곡 사이를 걸을 수 있는 코스다. 대전사 경내로 들어와 하늘 높이 솟은 일곱 개의 기암에 놀라면서 시작해 삼면이 기암절벽으로 둘러싸인 암자 주왕암을 거쳐간다. 망월대에서 주왕산의 주상절리와 기암들을 한눈에 감상한 뒤 20분 정도 걸어 용추협곡에 다다르면 바위 협곡 가운데를 편안한 데크를 따라 걸을 수 있다. 가을 단풍부터 웅장한 폭포까지 자연이 보여주는 모든 아름다움을 감상할 수 있는 곳이다.

🗺 **주변 관광지**

- 주산지 +9.1km
- 송소고택 +16km

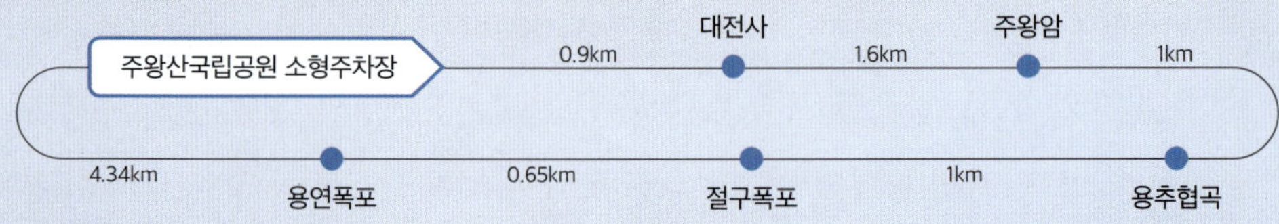

이동 방법

🚗 자동차

목적지: 주왕산국립공원 소형주차장
(경북 청송군 주왕산면 상의리 299)

🚌 대중교통

청송버스터미널에서 주왕산국립공원행 농어촌버스 133·212·225번 승차 후 '주왕산시외버스터미널'에서 하차한다.

추천 맛집

🍴 토산물식당

주소 경북 청송군 주왕산면 공원길 171
전화 054-873-2923

다양한 산나물을 맛볼 수 있는 산채비빔밥을 추천한다. 함께 나오는 된장국도 맛있다. 고소하고 바삭바삭한 감자전과 더덕구이도 괜찮다.

🍴 삼보식당

주소 경북 청송군 주왕산면 공원길 180
전화 0507-1406-4463

주왕산 상가에서 오래된 식당 중 한 곳으로 흑미약물닭백숙 맛집이다. 백숙은 조리하는데 30~40분 정도가 걸려 미리 예약하는 편이 좋다.

대전사로 들어서자마자 보광전 뒤로 부처님 손바닥을 닮은 커다란 기암 단애가 하늘 높이 솟아 있어 시선을 사로잡는다. 주왕산 하면 가장 먼저 떠오르는 기암 단애는 짙은 회색빛의 응회암(凝灰巖)으로 약 7,000만 년 전 화산 폭발로 뿜어져 나온 화산재가 엉겨서 굳으며 형성되었다. 가을이면 경내

대전사에서 보이는 기암 단애

의 노란 은행나무와 기암 단애의 붉은 단풍이 어우러져 화려함을 뽐낸다.

주왕산과 대전사, 그리고 주왕암은 중국 당나라 시대의 주왕과 관련이 깊다. 당나라의 주도(周鍍)라는 사람이 스스로를 후주천왕(後周天王)이라 칭하고 반란을 일으켰으나 실패하고 그는 신라로 건너와 주왕산에 숨어들었다. 신라는 당나라의 부탁으로 도망친 주왕(주도)의 무리를 찾아 죽였다. 919년(고려 태조 2년) 눌음 스님이 대전사에서 주왕의 아들 대전도군(大典道君)의 명복을 빌면서 이곳이 대전사로 불리기 시작했다. 산 이름은 주왕이 숨었던 곳이라 하여 주왕산으로 불린다.

대전사에서 용추폭포까지는 무장애길이 이어진다. 흙으로 잘 다져진 평탄한 산책길로 휠체어와 유아차로도 이동할 수 있다. 산책길을 따라 대전사에서 1km 정도 걸으면 자하교 삼거리다. 직진의 산책길이 아닌 오른쪽 길로 가 주왕암으로 향한다. 자하교를 건너자마자 부드러웠던 흙길은 경사가 있는 산길로 바뀐다. 주왕암까지 이어지는 숲길에는 단풍나무가 자리해 가을철에 오면 곱게 물든 단풍이 반겨준다. 산 전체 곳곳에 단풍나무가 분포된 덕분에 주왕산이 가을 명소가 되었다.

주왕암은 숨겨진 요새 같다. 왼쪽과 오른쪽으로 우뚝 솟은 기암절벽이 성벽 역할을 하고, 가운데 돌담 사이로 설치한 누각이 출입문 역할을 한다. 2층 누각인 가

1 주왕굴 2 망월대 3 시루봉

학루 밑을 통하지 않고서는 주왕암으로 들어설 수 없다. 주왕암에서 좁은 협곡을 따라 200m 더 진행하면 주왕굴이 나온다. 낙석 위험이 있어 머리 위로 그물 안전망이 설치되어 있다. 이 굴에서 주왕이 최후를 맞이했다고 알려졌다.

주왕암에서 산모퉁이를 대여섯 개 돌아서면 망월대다. 대전사에서 올려다보았던 기암 단애가 정면으로 보인다. 기암 단애 왼쪽에는 연화봉이, 오른쪽에는 병풍바위와 급수대가 한눈에 들어온다. 주왕산의 기암절벽을 모두 바라볼 수 있는 최고의 전망대다.

망월대에서 20여 분 걸으면 자하교 삼거리에서 반대편으로 갈라졌던 탐방로와 다시 만난다. 화장실과 쉼터가 있어 잠시 휴식하기 좋다. 쉼터에서는 나뭇가지 때문에 시루봉이 보이지 않지만 이곳을 벗어나면 눈에 들어온다. 시루봉은 하늘 높이 치솟은 바위가 마치 떡을 찌는 시루 같아서 붙은 이름이다. 쉼터 근처에 있는 학소교에서 바라보면 사람의 옆얼굴 같다.

용추협곡이 시작되면서 양옆으로 수직 절벽이 기묘한 자태로 솟아 있고 협곡 사이로 데크가 200m 정도 놓여 있다. 우리나라에서는 보기 드문 바위 협곡 지대라 걷는 내내 감탄이 나온다. 주왕산 제1폭포인 용추폭포는 4단으로 떨어지는 폭

1 용추협곡 2 절구폭포 3 용연폭포

포로 빼어난 용소와 더불어 수량도 풍부하다. 하지만, 거대한 용추협곡 사이에 자리하다 보니 그 빼어남이 잘 드러나지 않는다. 이어서 나타나는 절구폭포는 2단 폭포로 1단 부분 아래의 폭호가 절구 모양이어서 붙은 이름이다. 수량이 많은 계절에는 절구 안으로 떨어지는 폭포수에, 가을에는 폭포 주변으로 붉게 물든 단풍에 감탄하게 된다. 용연폭포는 주왕산 세 개의 폭포 중 가장 크고 웅장하다. 2단 폭포로 상단 폭포 옆 전망대에 서면 폭포수 옆으로 자리한 세 개의 하식동굴이 확연하게 보인다. 하식동굴은 폭포로 물과 함께 떨어진 모래와 자갈이 회오리치며 하천 옆 암석을 침식해 만든 동굴이다. 보면 볼수록 자연의 신비로움이 느껴진다.

용연폭포를 감상하고 학소대로 되돌아와 쉼터에서 잠시 쉰다. 주차장으로 되돌아갈 때는 올 때 걷지 않았던 산책길을 따라 편안하게 돌아간다.

계곡에 숨은 열두 폭포의 빼어난 아름다움

포항 내연산
12폭포

이동 거리	8.38km
소요 시간	3시간 45분
추천 시기	가을 > 여름 > 봄

경북의 금강산이라고 불리는 내연산 12폭포 중 여섯 개의 폭포를 볼 수 있는 코스다. 12폭포 가운데 가장 경관이 빼어난 관음폭포, 연산폭포까지는 3.18km 거리며 경사가 거의 없어 부담 없이 계곡 트레킹을 즐길 수 있다. 관음폭포와 연산폭포는 겸재 정선이 폭포와 주변의 기암 단애에 반해 〈내연삼용추도〉를 남긴 곳이기도 하다. 폭포 인근의 선일대와 소금강 전망대에 서면 두 폭포 주변의 절경을 시원하게 내려다볼 수 있다.

🏞 주변 관광지

• 이가리 닻 전망대 +11km
• 사방기념공원 +14km

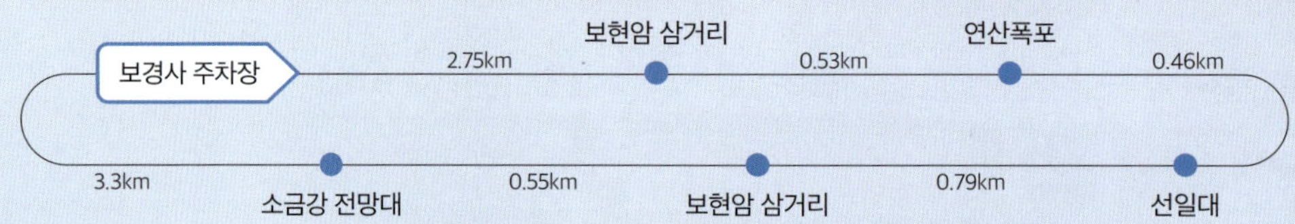

보경사 주차장 〉 2.75km 보현암 삼거리 0.53km 연산폭포 0.46km 선일대 0.79km 보현암 삼거리 0.55km 소금강 전망대 3.3km 보경사 주차장

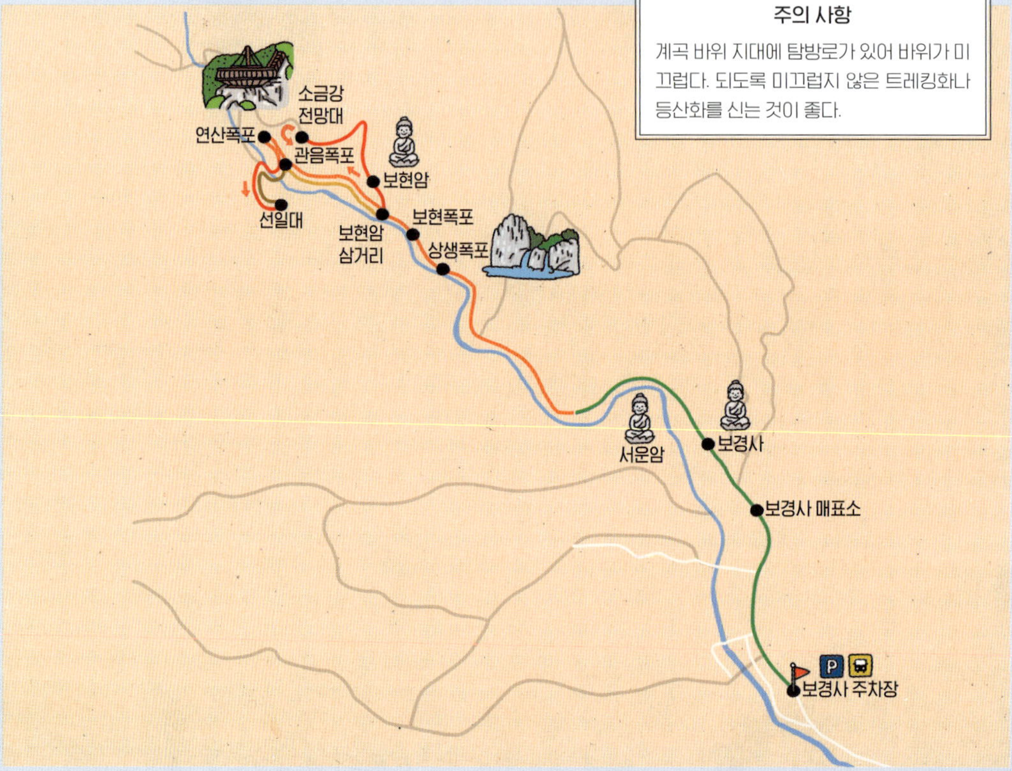

이동 방법

🚗 자동차

목적지: 보경사 주차장

(경북 포항시 북구 송라면 보경로 432)

🚌 대중교통

포항시외버스터미널에서 5000번 버스 승차 후 '보경사'에서 하차한다.

추천 맛집

🍴 부원식당

주소 경북 포항시 북구 송라면 보경로 451-8

전화 0507-1319-0229

다양한 버섯이 들어가 깊은 맛이 우러난 한우버섯전골이 특히 맛나다. 능이백숙과 산채비빔밥도 있다.

🍴 진주식당

주소 경북 포항시 북구 송라면 보경로 457-1

전화 054-261-7117

꽁치김치, 물김치, 부지깽이나물(울릉도산) 등 특이한 밑반찬을 맛볼 수 있다. 산채비빔밥의 들기름 향이 좋다.

보경사 주차장에서 이동해 매표소를 통과하면 울창한 소나무 숲이 반긴다. 아름드리 소나무 밑을 천천히 걷다 보면 천년 고찰 보경사다. 보경사는 602년 진나라 유학을 마치고 돌아온 지명법사가 창건한 사찰이다. 천왕문을 시작으로 오층석탑, 비로자나불을 모신 적광전, 그 뒤로 석가모니불을 모신 대웅전이 일직선으로 서 있다. 적광전은 1214년(고려 고종 원년)에 원진국사가 중창하고, 1677년(조선 숙종 3년)에 한 번 더 중창했다. 보경사 경내에서 가장 오래된 건물이며 우리나라 보물이기도 하다.

보경사를 나와 계곡길으로 들어선다. 청하골이라는 이름이 있지만 보경사계곡으로 더 많이 알려졌다. 내연산 능선은 산 밖에서 보면 바위 하나 볼 수 없는 전형적인 부드러운 육산 같다. 하지만 계곡 곳곳에 거친 기암괴석과 빼어난 폭포를 품고 있어 능선과 계곡이 정반대의 모습을 한다. 보경사계곡의 수많은 폭포 중 열두 개의 폭포가 우리에게 알려졌다. 상생폭포부터 보현, 삼보, 잠룡, 무풍, 관음, 연산, 은폭, 복호 1, 복호 2, 실폭, 시명에 이른다. 이 중 관음폭포와 연산폭포가 가장 아름답다.

계곡길 초반은 잘 다듬어진 탐방로여서 쉬엄쉬엄 걷기 좋다. 계곡 풍경을 감상하며 걷다 보면 저 멀리서 우렁찬 폭포 소리가 들린다. 12폭포 중 첫 번째 상생폭포의 등장이다. 상류에서 흘러내리던 물줄기가 폭포 중앙에 있는 커다란 바위 양옆으로 떨어진다. 폭포 아래의 소는 깊고 넓다. 소 주변으로 몽돌해변처럼 자갈이 넓게 깔려 있어 잠시 앉아 쉬어가기 좋다.

1 상생폭포
2 관음폭포

보현암 삼거리는 관음폭포와 소금강 전망대 방향으로 갈라지는 갈림길이다. 체력이 있을 때 이 코스의 하이라이트인 관음폭포와 연산폭포를 먼저 보기 위해 발걸음을 옮긴다. 관음폭포 전에는 잠룡폭포와 무풍폭포가 연달아 있으나 나뭇가지로 인해 잘 보이지 않는다. 이 두 폭포는 선일대와 소금강 전망대에서 잘 보인다.

관음폭포 뒤로 수십 미터의 커다란 절벽(비하대)이 병풍처럼 서 있고, 절벽 하단에는 세 개의 하식동굴(관음동굴)이 있다. 관음폭포와 관음동굴 그리고 그 뒤의 비하대가 만들어내는 풍경은 마치 신선들이 노니는 선경의 세계다. 금방이라도 학 한 마리가 신선을 태우고 날아오를 것만 같다.

관음폭포 위에 걸려 있는 구름다리를 건너가면 숨겨진 연산폭포가 나온다. 굉음을 내며 떨어지는 폭포의 물줄기가 시원하다. 연산폭포 주변을 둘러싼 암벽에는

소금강 전망대에서 보이는 오른쪽 연산폭포의 물줄기

조선 시대에 이곳을 다녀간 이들의 이름이 새겨져 있다. 겸재 정선이 남긴 '갑인추 정선(甲寅秋鄭敾)'이라는 글을 통해 1734년(갑인년) 가을에 정선이 이곳을 방문했음을 알 수 있다.

겸재 정선이 청하 현감으로 재직 시 이곳을 방문하고 그린 〈내연삼용추도〉에는 연산폭포, 관음폭포, 잠룡폭포가 담겨 있다. 세 개의 폭포를 한눈에 감상하기 위해 선일대로 향한다. 관음폭포에서 360m를 진행하면 선일대 정상이다. 정상에는 풍경을 조망할 수 있는 정자, 그리고 〈내연삼용추도〉 그림과 설명이 있는 안내판이 잘 만들어져 있다. 겸재가 그린 폭포와 실제로 보이는 폭포를 비교하며 바라보는 재미가 있다.

선일대 풍경을 뒤로하고 보현암 삼거리로 되돌아와 소금강 전망대로 향한다. 보현암 삼거리에서 지그재그로 된 550m 산길을 더 걸어야 한다. 반달 모양의 전망대는 계곡 쪽으로 설치되어 계곡 위에서 관음폭포 주변의 풍경을 감상할 수 있다. 전망대에 서면 선일대 바위 절벽이 하늘 높이 솟아 있다. 그 옆으로 관음폭포와 연산폭포가 확연히 보이고, 폭포를 둘러싼 비하대와 학소대가 우직하게 서 있다. 바위 절벽과 폭포가 어우러져 만든 절경에 감탄사가 절로 나온다. 이곳은 사계절 모두 아름답지만 그중에서도 선일대가 노랗게 물드는 가을에 가장 화려하다. 자연이 만들어낸 아름다움에 감탄하다 보현암 삼거리로 내려와 보경사 주차장으로 발걸음을 옮기며 트레킹을 마무리한다.

소금강 전망대에서 보이는 선일대

깎아지른 절벽 아래 매달린 사찰과 만나다

구미 금오산 약사암

이동 거리	8.02km
소요 시간	4시간 30분
추천 시기	가을 > 봄 > 여름

금오산케이블카를 타고 상부 정류장에 내려 해운사를 지나면 사진 명소인 도선굴이 반긴다. 깎아지른 바위 절벽 끝에 매달린 약사암은 아찔하면서도 보면 볼수록 신비롭다. 여러 풍경 중에서도 이 코스의 백미는 약사암을 둘러싼 바위 절경과 낙동강을 한눈에 담을 수 있는 금오산 정상 현월봉에서 바라보는 풍경이다. 할아버지가 죽은 손자를 그리워하며 쌓은 오형돌탑은 낙동강과 구미시가 한눈에 들어오는 멋진 조망처로 꼭 들러야 할 장소다.

🗺 **주변 관광지**

- 채미정 +0.58km
- 금오산 저수지둘레길 +1.3km

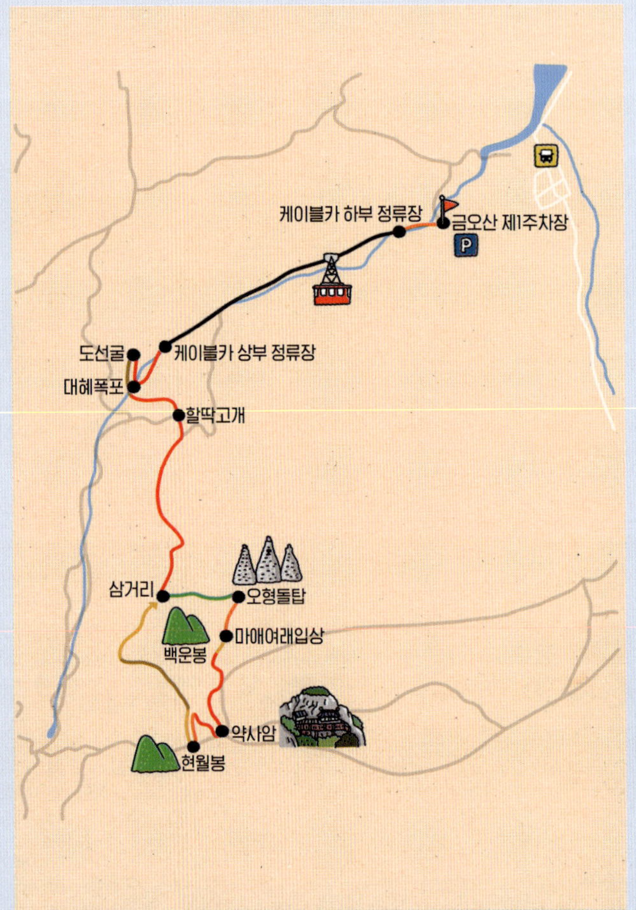

주의 사항

탐방로에 돌이 많아 등산화는 필수다. 대혜 폭포 이후부터는 가파름이 심해 스틱 사용을 추천한다.

이동 방법

🚗 자동차

목적지: 금오산 제1주차장

(경북 구미시 금오산로 400)

※제1주차장 만차 시 제2~3주차장을 이용한다.

🚌 대중교통

기차 구미역에서 27·27-3번 버스 승차 후 '금오산 출발'에 서 하차한다.

추천 맛집

큰나무집 궁중약백숙〔구미점〕

주소 경북 구미시 공원로 28

전화 0507-1447-0134

24가지 한방재를 사용하는 백숙 전문점이다. 한방재도 한 방재지만 야들야들한 닭고기 맛이 좋다.

오투쭈꾸미〔금오산점〕

주소 경북 구미시 산책길 55-4

전화 0507-1406-5262

통통하고 싱싱한 주꾸미와 불향이 인상적인 쭈꾸미볶음 맛집. 맵기 정도를 선택할 수 있다.

금오산 제1주차장에서 200m 정도를 오르
면 케이블카 하부 정류장이다. 케이블카는
해운사 앞에서 내리며 6분 30초가 소요된
다. 걸어가면 30분 정도가 걸리는데, 현월
봉까지 다녀오려면 체력 소모가 크기 때문
에 이 구간은 케이블카를 이용한다.

　케이블카 상부 정류장에서 내려 해운
사를 지나고, 대혜폭포를 거쳐 바위 절벽
지대를 통과하면 도선굴이 나온다. 이때 절
벽 지대에는 쇠밧줄로 된 난간 외에는 안전
시설이 없으므로 안전에 유의해야 한다. 도
선굴은 도선국사가 수도했던 곳인데, 현재
는 SNS에서 유명한 사진 명소가 되었다. 입
구에 서서 구미시가 한눈에 내려다보이는
탁 트인 전망을 배경으로 많이 촬영한다.

　대혜폭포로 되돌아와 폭포 옆 데크 계
단을 오른다. 이 계단은 급경사 오르막으로
'할딱고개'라고 부른다. 더 이상 걸을 수 없
을 정도로 힘들어서 숨을 할딱이며 오르는

1 도선굴 가는 길의 바위 절벽 지대
2 도선굴　3 대혜폭포

상황을 잘 표현한 이름이다. 20여 분, 고개를 다 오르면 전망 좋은 바위 지대가 있
다. 눈앞에 펼쳐진 아름다운 풍경을 바라보며 잠시 숨 고르기 좋은 지점이다.

　금오산은 산 밖에서는 육산처럼 보이지만 산속으로 들어와 걸어보면 돌산이다.
할딱고개를 지나면서부터 돌들이 본격적으로 그 모습을 드러낸다. 돌이 많아 흙으
로 이루어진 탐방로에 비해 걷기도 불편하고 같은 시간을 걸어도 발바닥이 더 아
프고 피로하다.

1 오형돌탑
2 마애여래입상

할딱고개 이후 꾸준한 오르막이던 산길은 백운봉 8부 능선쯤에서 삼거리로 나뉜다. 왼쪽은 오형돌탑을 거쳐 약사암, 현월봉으로 가는 길이고, 직진은 능선을 따라 곧바로 금오산 정상인 현월봉으로 가는 길이다. 타원형 모양의 코스라 어느 쪽으로 가더라도 한 바퀴를 돌고서 이 지점으로 되돌아온다. 오형돌탑 방향은 중간중간 구미시와 낙동강을 바라볼 수 있는 조망처가 있어 곧바로 현월봉으로 가는 코스보다 덜 지루하다. 그리고 지친 상태에서는 아무리 아름다운 풍경도 눈에 들어오지 않으므로 전망 좋은 왼쪽 길로 먼저 진행한다.

숲길을 걷다 만나는 전망이 탁 트인 바위 절벽 지대에 오형돌탑이 있다. 구미시와 낙동강이 한눈에 내려다보이는 전망대다. '형석'이라는 이름의 아이가 패혈증으로 10살에 죽자, 그의 할아버지가 손주를 생각하며 9년간 이곳에 탑을 쌓았다. 금오산의 '오'자와 형석이의 '형'자에서 한 글자씩 따와 오형돌탑이라 이름 지었다.

가슴 아픈 사연을 뒤로하고 오형돌탑에서 15~20분 정도 이동하면 5.5m 높이의 바위에 조각된 마애여래입상이 반긴다. 암벽의 모서리 부분을 중심으로 양쪽에 부처님을 조각해서 입체감이 돋보인다. 고려 시대의 작품으로 가치를 인정받아 1968년에 보물로 지정되었다.

마애여래입상에서 600m 떨어진 곳에 신라 의상대사가 창건한 것으로 알려진 약사암이 있다. 약사암은 거대한 바위 절벽인 약사봉 중간 지점에 아슬아슬하게

약사암 범종각

매달린 모습으로 있다. 약사암 반대편에는 금오산 정상인 현월봉과, 바로 옆 '용비늘바위'라고 불리는 보봉이 약사암을 감싼다.

약사암 뒤, 바위 사이로 놓인 계단을 오르면 금오산 정상인 현월봉(976m)이다. 이곳에 서면 약사암 뒤로 하늘 높이 솟은 약사봉과 그 뒤로 낙동강, 구미시가 한눈에 들어온다. 약사암보다 해발이 높아 약사암에서 잘 보이지 않던 풍경까지 볼 수 있다.

현월봉에서 5분 거리에 있는 보봉에서는 약사봉과 약사암을 정면에서 바라볼 수 있다. 하지만 안전시설이 전혀 없는 바위 지대라 등산에 익숙한 사람이 아니라면 가는 것을 추천하지 않는다. 약사암의 절경 감상은 현월봉에서 바라보는 것만으로도 충분하다. 하산은 능선을 따라 삼거리까지 내려와 왔던 길로 되돌아간다.

수려한 계곡에 자리한 고즈넉한 일곱 정자

함양 선비문화 탐방로 1구간

이동 거리	6.2km
소요 시간	2시간 20분
추천 시기	가을 > 여름 > 봄

선비문화탐방로 1구간은 함양 화림동계곡 내에 있는 거연정과 농월정을 잇는 6.2km의 걷기 길이다. 화림동계곡은 화강암으로 이루어진 계곡이라 미끈한 바위들이 수려한 자태를 뽐낸다. 계곡물은 너럭바위를 만나 미끄러지듯 흘러내려 곳곳에 아름다운 풍경을 연출하고, 풍경 좋은 곳마다 계곡의 선경을 놓칠세라 함양의 선비들이 건립한 정자가 즐비하다. 계곡을 따라 설치해둔 데크는 오르내림이 없는 평탄한 길이라 여유롭게 걷기 좋다.

주변 관광지[거연정 기준]
- 함양 상림공원 +26km
- 함양대봉산휴양밸리 +26km

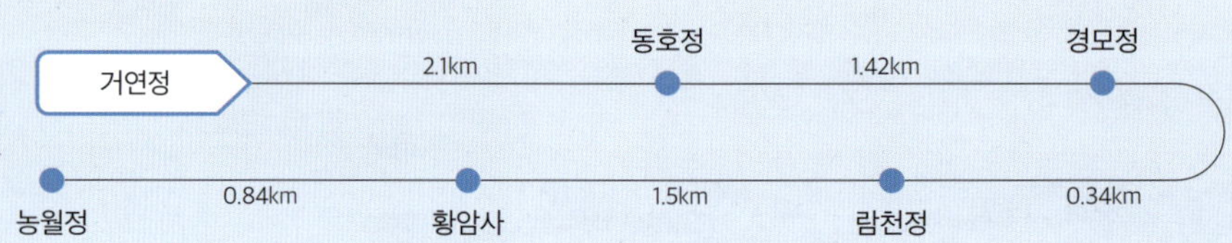

이동 방법

🚗 자동차

목적지: 거연정휴게소

(경남 함양군 서하면 육십령로 2567)

🚌 대중교통

함양읍 내 함양지리산고속에서 지곡·안의·거기·서상행 농어촌버스 승차 후 '봉전'에서 하차한다.

※종점이 '안의'라고 되어 있으면 안의버스터미널까지만 운행하니 반드시 목적지를 확인하자.

추천 맛집

🍴 안의 원조 갈비집

주소 경남 함양군 안의면 광풍로 127-2

전화 0507-1410-0668

갈비찜과 갈비탕 전문점. 담백하면서도 달콤 짭짤한 양념 맛이 좋다.

🍴 거창식당

주소 경남 함양군 안의면 농월정길 9-1

전화 055-962-4498

도토리묵과 파전도 좋지만, 한방 백숙을 추천한다. 백숙은 1시간 전에는 예약해야 한다.

선비의 고장 하면 안동을 떠올리지만, 예로부터 '좌안동 우함양'이라 불릴 정도로 안동과 더불어 선비의 기품이 살아있는 마을이 함양이다. 우함양의 기틀이 된 사람이 조선 성종 때의 인물 정여창이다. 성리학사에서 김굉필, 조광조, 이언적, 이황과 함께 5현으로 칭송되는 인물이다. 함양 선비문화탐방로 1구간은 정여창이 자주 찾던 군자정 인근의 거연정이 들머리이며, 이 구간에서는 일곱 개의 정자를 만날 수 있다.

첫 번째 정자인 거연정은 구름다리를 건너야 만날 수 있다. 계곡 한가운데에 연꽃잎처럼 층층이 겹을 이룬 바위가 위치하고 연꽃 수술 자리에 정자가 올라앉아 있다. 계곡물은 정자 옆으로 겹겹의 바위를 에워싸며 흘러나간다. 기묘하고 절묘한 위치에 있는 정자다. 선비문화탐방로는 거연정 구름다리를 되돌아와 봉전교를 건너서 가야 한다. 하지만 봉전교를 건너기 전에 두 번째 정자인 군자정을 먼저 방문한다. 이곳은 정여창 선생의 처가가 있던 마을로, 1802년에 전 씨 문중의 전세걸과

거연정

1 군자정 2 동호정 3 차일암

전세택이 정여창 선생을 기리고 후학을 양성하기 위해 세운 정자다. 거연정이 화려하다면 군자정은 수수하다. 이후 봉전교를 건너 왼쪽으로 이어지는 데크로 접어들면 얼마 되지 않아 잘 가꾸어진 정원 한쪽 귀퉁이에 세 번째 정자인 영귀정이 있다. 계곡과 떨어진 곳에 위치해 정자에서 계곡 풍경을 볼 수는 없다.

계곡 옆을 따르던 숲길은 다곡교부터 계곡을 버리고 일반 도로를 따라 크게 우회한다. 통영대전고속도로 밑을 통과한 뒤에야 계곡 옆으로 다시 이어진다. 이후로는 하늘 높이 치솟은 낙엽송이 울창한 숲을 이루고, 그 아래로 200m 정도의 데크가 설치되어 산림욕을 하며 걷기 좋은 숲길이다.

네 번째로 만나는 동호정은 선비문화탐방로 건너편에 자리해 계곡을 건너야 한다. 섶다리를 통해 계곡 가운데에 있는 너럭바위에 도착한다. 백여 명이 앉아서 쉴 수 있을 정도의 큰 바위인 차일암(遮日巖)이다. 해를 덮을 만큼 큰 바위라는 뜻이다. 동호정의 2층 누각에 오르면 앞쪽으로는 차일암과 화림동계곡이, 왼쪽으로는 기암과 푸른 소나무의 풍경이 조화롭게 펼쳐진다. 정자에 앉아 시원하게 흐르는 계곡물 소리와 살랑살랑 스쳐 가는 바람 소리를 들으며 정자 주위의 풍광을 즐긴다.

　　동호정에서 호성마을까지는 계곡을 잠
시 벗어나 논길과 마을길을 걷게 된다. 호
성마을을 지나자마자 암반 위에 떠 있는
다섯 번째 정자인 경모정을 만난다. 경모정
에서 여섯 번째 람천정을 거쳐서 황암사에
이르는 길은 울창한 숲길이다. 플라타너스
가 터널을 이룬 구간과 소나무 군락지를 지
난다. 서하교를 건너 선비문화탐방로에서
조금 떨어져 있는 황암사에 잠시 들른다.
황암사는 1597년 정유재란 때 호남과 영남
을 잇는 요새인 황석산성을 지키기 위해 일
본군과 싸우다 순국한 3,500여 명의 호국선
열의 위패를 모신 사당이다. 다시 탐방로로

소나무 군락지

돌아와 날머리인 농월정으로 향한다. 폐쇄된 옛 도로를 따르다 보면 농월정 안내
판이 보인다.

　　일곱 번째 정자인 농월정은 크고 넓은 바위인 월연암(月淵岩) 뒤쪽에 자리한다.
'달빛이 비치는 바위 못'이라는 의미 그대로의 생김새다. 월연암 주변에는 큰 바위
중간중간 움푹한 웅덩이를 이룬 곳이 많다. 월연암 앞으로 거침없이 흘러내리는 물
살이 휘감아 돌면서 만들어진 웅덩이다. 농월정(弄月亭)은 월연암에 비친 달을 희롱
한다는 뜻의 이름이다. 농월정에 올라 월연암 너럭바위 위로 미끄럼을 타듯 세차게
흐르는 물살을 하염없이 바라본다. 유려한 풍경을 충분히 감상한 뒤 근처 버스 정
류장으로 이동해 거연정으로 가는 버스를 기다린다.

산상 고원을 가득 메운 진분홍과 은빛 물결

합천 황매산 철쭉 군락지 –순결바위 능선

이동 거리	10.54km
소요 시간	4시간 45분
추천 시기	봄 > 가을

황매산에는 우리나라 최고의 철쭉 군락지가 있다. 바로 황매평원이다. 여느 산의 정상부와는 달리 탁 트인 시야와 드넓은 평원을 자랑하며 계절별로 철쭉, 푸르른 초목, 억새 등이 이곳을 뒤덮는다. 황매평원 근처에는 기암괴석과 깎아지른 절벽이 어우러져 바위 능선을 이룬 순결바위 능선이 숨어 있다. 자동차로 황매평원만 방문해도 좋지만, 시간이 걸리더라도 황매산의 절경인 순결바위 능선까지 꼭 함께 걸어서 가보기를 권한다.

주변 관광지

- 합천영상테마파크 +16km
- 함벽루 & 연호사 +27km

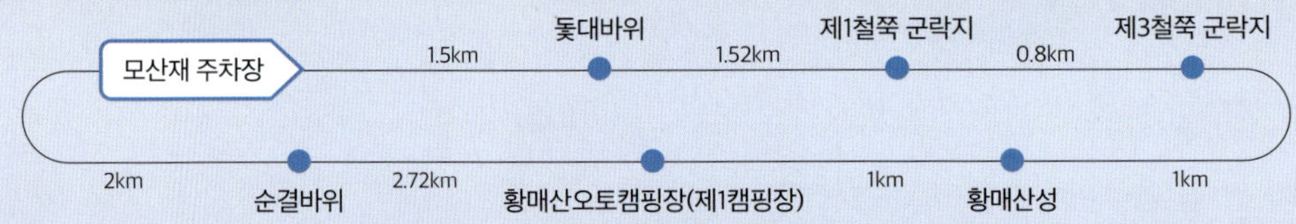

이동 방법

🚗 자동차

목적지: 모산재 주차장

(경남 합천군 가회면 황매산로 607)

🚌 대중교통

합천터미널에서 버스를 1회 환승해 모산재 주자창 근처인 '감암'까지 갈 수 있지만 하루에 버스가 몇 편 없으므로 택시로 27km를 이동하는 것을 추천한다.

추천 맛집

🍴 보리채

주소 경남 합천군 가회면 황매산로 539

전화 055-934-1919

합천은 돼지국밥이 유명하다. 모산재 주차장 근처의 식당으로 돼지국밥과 순대국밥을 맛볼 수 있다.

🍴 모산재식당

주소 경남 합천군 가회면 황매산로 624

전화 055-933-1101

직접 만든 손두부와 우렁된장국이 포함된 비빔밥을 추천한다. 겉은 바삭하고 속은 촉촉한 해물파전도 맛있다.

황매산은 경남 합천군과 산청군 경계에 위치한 산이다. 황매산 8~9부 능선에 광활한 구릉지인 황매평원이 자리한다. 이곳은 4월 말에서 5월 중순 사이에는 진분홍빛 철쭉이, 가을에는 흐드러진 억새가 장관을 이룬다.

모산재 주차장에서 모산재 방향으로 마을길을 따라 걷다 보면 황룡사 이정표를 지나 삼거리를 만난다. 왼쪽은 곧바로 모산재로 향하는 길이고, 직진은 영암사지를 거쳐 순결바위 능선으로 오르는 길이다. 철쭉은 오후보다 아침 일찍 보는 것이 더 아름답기에 황매평원까지 빠르게 올라갈 수 있는 왼쪽 길을 선택한다. 순결바위 능선은 하산할 때 느긋하게 걸을 예정이다.

황매산은 화강암으로 이루어진 산이다. 황매평원이 화강암의 풍화 작용으로 인해 생성된 넓은 평지라면, 모산재 주위와 순결바위 능선은 화강암 본연의 모습이다. 화강암 바위 지대를 통과해 가파른 급경사의 철 계단을 오르면 돛대바위가 나온다. 돛대를 닮은 커다란 바위가 서 있는 곳으로 모산재 주차장 인근의 대기저수지와 그 주변의 풍광을 한눈에 내려다볼 수 있다.

모산재를 거쳐 황매산 제1철쭉 군락지에 도착한다. 황매산의 여러 철쭉 군락지 중 가장 아름다운 풍경을 자랑하는 곳으로 이곳에는 황매산군립공원 측에서 설치한 전망대가 있다. 황매산 방문객의 동선을 파악하여 가장 인기 있는 공간에 전망대를 설치했다. 전망대에 올라서자마자 왜 이 자리에 설치했는지 바로 알 수 있다. 전망대의 위치와 높이가 철쭉을 감상하기에 안성맞춤이다. 붉게 물든 철쭉을 배경으로 인증 사진을 남긴다. 제2철쭉 군락지와 제3철

제1철쭉 군락지 전망대 전경

황매평원

쭉 군락지를 지나 산불감시초소 겸 전망대로 가는 길에는 상춘객으로 가득하다. 바로 아래 황매산오토캠핑장(제1캠핑장) 주차장에 주차하면 10분 만에 철쭉 군락지를 만날 수 있는 곳이다 보니 철쭉 시즌에는 이른 아침부터 저녁까지 철쭉을 구경하려는 사람들로 붐빈다.

산불감시초소 겸 전망대에 서면 드넓은 황매평원이 360도 파노라마로 펼쳐진다. 드넓은 평원을 보는 것만으로 가슴까지 시원해진다. 전망대 동쪽으로는 황매산오토캠핑장이, 북쪽으로는 황매산성과 황매산 정상이 보인다. 저 멀리 황매산성을 향해 발걸음을 옮긴다. 산불감시초소에서 20여 분 걸으면 도착하는 황매산성은 봄에는 철쭉으로, 가을에는 억새로 뒤덮인 광경이 유명하다. 드라마 〈지리산〉에서 주

인공 전지현과 주지훈이 지리산 천왕봉을
바라보았던 자리로 지금은 인기 포토존이
되었다. 또한 봄, 여름, 가을에는 은하수 사
진 명소이기도 하다. 은하수는 매년 월별로
뜨는 시간이 다르니 사전에 시간을 확인하
고 방문해야 한다.

황매산성에서 모산재로 되돌아갈 때는
인파가 많은 철쭉 능선길을 피해 황매산오
토캠핑장을 거쳐 가고, 모산재에서는 순결
바위 능선으로 방향을 잡는다. 모산재에서
3~5분 정도 걸으면 부처바위에 도착하는
데, 부처바위보다 건너편으로 보이는 돛대

바위가 훨씬 더 인상적이다. 넓고 긴 바위 능선 끝에 돛대처럼 우뚝 솟은 바위 모
습이 이곳에서 제대로 보이기 때문이다. 순결바위 능선의 오른쪽은 깎아지른 절벽
이고 왼쪽은 너른 바위가 끝없이 이어진다. 철쭉으로 뒤덮였던 황매평원과 정반대
의 풍경을 보여준다. 바위 능선 곳곳에는 기이한 바위들이 저마다의 빼어남을 자랑
한다. 그중에서도 사람 하나 겨우 지나갈 수 있는 틈새가 있는 득도바위, 커다란 하
트가 반으로 쪼개진 모양의 순결바위가 돋보인다. 기암과 더불어 탁 트인 조망까지
펼쳐져 바위 능선 트레킹의 진수를 맛볼 수 있다.

순결바위를 지나면서 바위 능선은 끝난다. 산길을 따라 하산하는 길에 영암사
지에서 잠시 발걸음을 멈춘다. 이곳에는 보물로 지정된 삼층석탑과 쌍자사석등이
있다. 보물들의 뒤로 방금 전에 걸었던 순결바위 능선이 병풍처럼 펼쳐진다. 황매산
의 기암괴석과 어우러진 영암사지를 뒤로하고 모산재 주차장으로 가서 트레킹을
마무리한다.

섬진강과 들판이 펼쳐지는 구름다리의 전경

하동 신선대 -고소성

이동 거리	6.86km
소요 시간	4시간
추천 시기	봄 > 가을

신선대부터 고소성까지의 코스에서는 소설 《토지》의 주 무대인 악양면 평사리 들판과 아름답고 푸르게 흐르는 섬진강의 비경을 동시에 감상할 수 있다. 5월 초중순에는 신선대 구름다리 주변이 연분홍 철쭉으로 붉게 물들어 더 화려해진다. 고소성에 서면 평사리 들판의 부부송과 S자로 휘어 나가는 섬진강, 그 뒤로 백운산이 한 폭의 그림처럼 담긴다. 소설 《토지》를 매개로 트레킹과 인문학 여행을 동시에 즐길 수 있는 코스다.

🗺 **주변 관광지**

• 화사별서 +3.9km

• 쌍계사 +15km

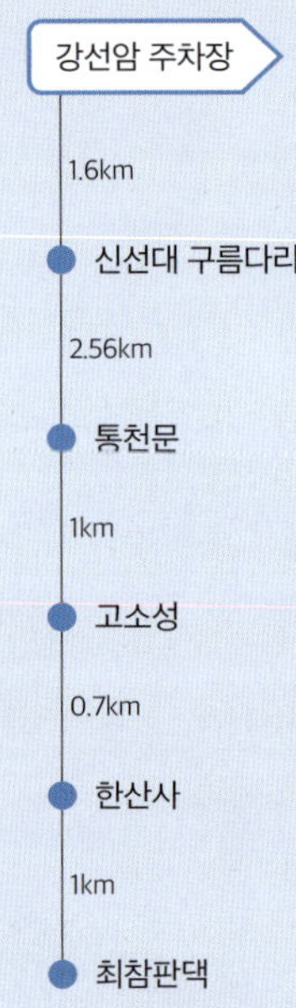

주의 사항

신선대에서 고소성으로 이어지는 등산로는 사람들이 잘 다니지 않아 길 상태가 좋지 않다. 등산화는 필수다.

이동 방법

🚗 자동차

목적지: 드라마[토지]촬영지 소형주차장

(경남 하동군 악양면 평사리길 35)

※날머리에 주차 후 들머리인 강선암 주차장까지 택시로 5.4km 이동한다.

🚌 대중교통

하동버스터미널에서 악양행 농어촌버스에 승차한다. '악양' 하차 후 강선암 주차장까지 택시로 2.7km(도보 40분) 이동한다.

추천 맛집

🍴 지리산 대박터 고매감

주소 경남 하동군 악양면 정서길 141-1

전화 0507-1306-2943

지리산 형제봉 자락에서 채취한 각종 산나물은 보는 것만으로도 입맛을 돋운다. 산채비빔밥을 추천한다.

🍴 사랑채

주소 경남 하동군 악양면 평사리길 45

전화 055-884-3543

신선한 나물이 들어간 산채비빔밥과 재첩만으로 우려내 속이 편안해지는 섬진강 재첩국이 인기 메뉴다.

강선암 주차장에서 600m 지점까지는 오르막이 심하지 않은 숲길이다. 잘 정비된 등산로 주변에는 곳곳에 단풍나무가 있어 가을철에 방문하면 아름다운 풍광을 볼 수 있다. 소나무 군락지를 통과하고 철 계단을 만나면서부터 본격적인 오르막이 시작된다. 코가 땅에 닿을 듯 경사가 가파르다 보니 자주 쉬게 되고, 오를 때도 땅만 보고 걷게 된다. 워낙 오르막이 심해 들머리인 주차장부터 신선대 구름다리까지의 소요 시간은 1시간 20분에서 1시간 30분 정도로 예상하는 것이 좋다.

신선대 정상부의 길고 긴 조릿대 구간을 빠져나오면 신선대 구름다리와 만난다. 구름다리는 다리 기둥이 없는 무주탑 현수교로 길이 137m, 폭 1.6m의 출렁다리다. 해발 고도가 높은 곳에 있어 탁 트인 전망을 자랑한다. 소설《토지》의 배경이 된 평사리 들판과 S자로 휘어나가는 섬진강이 한눈에 들어오는 위치다.

구름다리 북쪽으로 해발 고도가 이름이 된 1054봉이 우뚝 솟아 있고, 1054봉은 형제봉(1115.5m)까지 이어진다. 형제봉이라는 이름은 두 봉우리가 나란히 솟은 데서 유래했다. 신선대 구름다리에서 형제봉에 이르는 구간은 5월 초에서 중순 사이, 연분홍 철쭉이 화려하게 물든다. 형제봉 철쭉으로 알려진 이곳은 바래봉, 세석

신선대 구름다리와 1054봉 철쭉

1 통천문
2 고소성 홀로 소나무

평전과 더불어 지리산 3대 철쭉 군락지 중 하나다. 특히 신선대 구름다리와 1054봉 사이의 철쭉 군락지는 연분홍 철쭉과 푸르른 섬진강을 동시에 사진에 담을 수 있는 위치라 인기 있다.

신선대 구름다리를 건너 고소성에 이르는 길은 등산로는 뚜렷하나 사람들이 많이 다니지 않아 길 상태가 좋지 않다. 원시림 그대로의 풍경과 바위 구간이 반복되는데, 위험한 구간에는 철 계단이 설치되어 있어 안전하게 통과할 수 있다. 윗재 사거리에서 그대로 직진해 조망이 없는 봉수대를 지나 통천문에 도착하면 커다란 바위가 앞을 가로막는다. 바위 가운데에 사람 한 명이 겨우 지나갈 수 있는 틈새가 있다. 배낭을 메고 갈 수 없을 정도라 배낭을 먼저 보내고 게걸음으로 겨우 통과한다.

통천문에서 20여 분 진행하면 나오는 고소성은 신라 시대에 쌓은 산성이다. 서남쪽 면 성곽에 분재 모양의 키 큰 소나무가 홀로 있는데, 성곽을 복원하는 과정에서 소나무를 그대로 두고 돌을 쌓았다. 이곳을 대표하는 상징물이자 평사리 들판과 푸르게 흘러가는 섬진강을 조망하기 좋은 지점이다. 특히 일몰 때 섬진강으로 붉게 떨어지는 석양을 바라볼 수 있다.

성곽길을 따라 한산사로 내려선다. 경내를 가로질러 도로에 이르면 건너편에 넓은 데크가 깔려 있다. 이곳에 서면 평사리 들판과 그 가운데의 부부송(두 그루의 소나무), 뒤로 펼쳐진 섬진강이 한눈에 들어온다. 부부송이 가장 잘 보이는 전망대지만 잘 알려지지 않은 곳이라 사람들이 많이 찾지 않는다.

한산사 앞의 전망대

한산사에서 10~15분 정도를 걸어 내려오면 날머리인 최참판댁이다. 이곳은 고 박경리 작가의 동명 소설을 원작으로 한 대하드라마 〈토지〉를 제작하기 위해 만들었던 세트장이다. 원작 소설은 1897년부터 1945년까지의 우리나라 근대사를 다루며, 평사리의 대지주인 최참판댁의 흥망성쇠를 그린다. 최참판댁 사랑채 대청마루에 올라 마지막으로 바라보는 평사리 들판과 섬진강의 풍경이 좋다.

최참판댁

PART
7
제주도 트레킹

울창하고 신비로운 편백나무와 삼나무 숲길

제주 한라산 둘레길 9-8구간

이동 거리	10.2km
소요 시간	3시간 20분
추천 시기	봄 > 가을 > 여름 > 겨울

한라생태숲은 예전에는 버려진 초지였으나 지금은 난대성 식물에서부터 한라산 고산식물까지 한 장소에서 볼 수 있는 울창한 숲이다. 피톤치드 가득한 숲 내음을 들이마실 수 있는 편백나무 숲에는 탐방객을 위한 데크와 벤치가 곳곳에 있다. 편백나무 숲길을 벗어나면 한라산 둘레길 9구간의 백미인 삼나무 숲이 그림처럼 펼쳐진다. 하늘로 쭉쭉 뻗은 삼나무를 따라 힐링하며 걷기 좋다.

🗺 **주변 관광지**

• 관음사 +7.4km

• 제주4·3평화공원 +8.5km

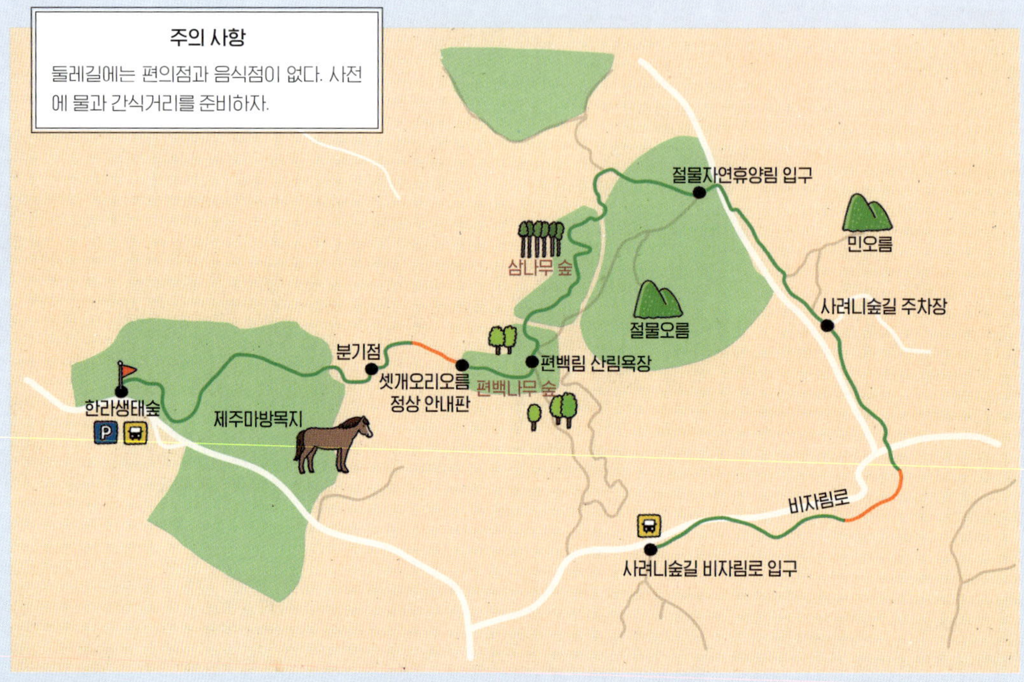

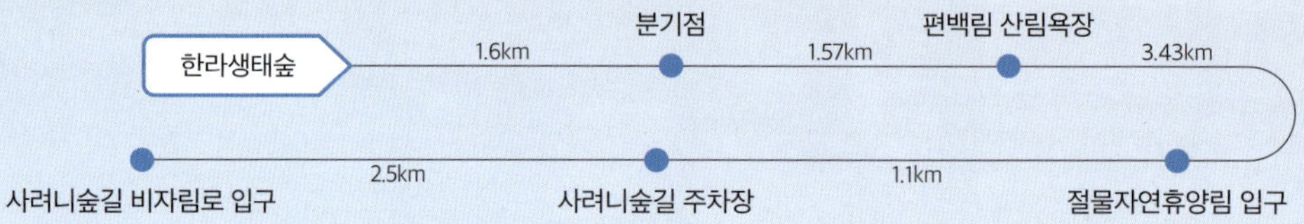

이동 방법

🚗 자동차

목적지: 한라생태숲 주차장
(제주 제주시 516로 2596-20)

🚌 대중교통

제주시외버스터미널에서 212·232·281번 버스 승차 후 '한라생태숲'에서 하차한다.

추천 맛집

주변에 음식점이 없다. 숲길 탐방 후 가기 좋은 사려니숲길 주차장 인근에 위치한 음식점과 카페를 소개한다.

🍴 경도원가든(자연휴양림 본점)

주소 제주 제주시 조천읍 교래4길 20-11
전화 0507-1479-0863

더덕이 들어간 백숙, 닭도리탕, 오리주물럭 등의 메뉴 중 더덕 백숙을 추천한다. 닭고기는 쫄깃하면서도 부드럽고, 국물은 담백하면서도 깊은 맛이 난다.

🍴 여누카페

주소 제주 제주시 조천읍 남조로 1842
전화 064-783-7171

제주의 특색을 살린 다양한 음료는 물론이고, 식사 대용으로 손색없는 샌드위치, 브런치 맛집이다. 숙소도 겸하고 있어 숙박하기에도 좋다.

걷기 여행과 숲 체험을 동시에 맛볼 수 있는 제주도 숲길 중 한 곳이 '국가숲길'로 지정된 한라산 둘레길이다. 국가숲길은 기존의 숲길 중 산림 생태적 가치나 역사·문화적 가치가 높은 숲길을 산림청장이 지정하여 고시한다. 난대림과 낙엽 활엽수림이 분포하는 한라산 지역의 해발 600~800m 고지를 순환하는 이 둘레길에는 제주의 역사와 제주도민의 과거 생활상이 그대로 녹아 있다. 일제 강점기에 한라산 산림 자원을 약탈할 목적으로 만든 '병참로'와 제주4·3 사건 현장, 숯가마 터, 화전 터 등이 남아 있다.

한라생태숲 입구를 지나 커다란 연리목 앞에 다다르면 '숫모르숲길' 안내판을 만난다. 숫모르는 이 지역의 옛 지명인데 '숯을 구웠던 등성이'라는 의미다. 숫모르숲길은 자연 그대로를 느끼며 산책할 수 있는 숲길로 한라생태숲 외곽을 크게 돈다. 이 숲길 중간 지점에 절물자연휴양림으로 넘어가는 길이 있고 이후에는 숫모르 편백숲길이 이어진다.

숫모르숲길

1 셋개오리오름으로 올라가는 계단 2 편백림 산림욕장 3 삼나무 숲

숫모르숲길로 들어가 성인 허리 높이만큼 자란 조릿대 구간을 통과하면 다양한 수종의 난대림 나무들이 울창한 숲을 이룬다. 숲 중간중간에는 아름드리 소나무가 수려한 자태를 뽐내기도 하는데, 몇몇 소나무는 밑동의 둘레가 성인 세 명이 손을 잡고 감싸도 잡히지 않을 만큼 상당히 굵다. 숲으로 들어갈수록 짙은 녹색 이끼를 머금은 오래된 수령의 나무들이 점점 많아진다. 원시림 그대로 보존된 숲길이라 신비롭기까지 하다.

녹색의 향연을 즐기며 걷다 보면 금세 한라생태숲과 절물자연휴양림의 분기점이 나온다. 절물자연휴양림 권역도 평탄한 숲길이지만 딱 한 곳 오르내리는 구간이 셋개오리오름이다. 잘 다듬어진 나무 계단을 5분 정도 오르면 오름 정상에 도착한다. 오름이라고는 하지만 사방이 나무로 둘러싸여 전망은 안 좋다. 이곳부터 편백나무가 모습을 드러낸다. 편백나무가 뿜어내는 향으로 산림욕을 하며 구불구불 나선 형태의 나무 계단을 내려간다. 계단을 내려서자 편백나무가 햇빛이 들지 않을 정도로 빽빽하다. 편백림 산림욕장이라고 불리는 웅장한 편백나무 숲이다. 편백나무 아래로 평상과 벤치가 조성되어 있어 피톤치드를 마시며 힐링하기 좋다.

편백나무 숲을 지나 작은 오솔길을 300m 정도 걸으면 이번에는 엄청난 규모의 삼나무 숲이 눈앞에 펼쳐진다. 키가 큰 삼나무가 숲 전체를 빼곡하게 에워싸 그 끝이 보이지 않는다. 삼나무 줄기에는 녹색의 이끼가 가득해 정글 분위기를 물씬 풍긴다. 길은 인공 시설이 전혀 없는 풋풋한 흙길로 고즈넉한 원시림을 맛보며 걸을 수 있다. 1km 정도 걸으면 절물자연휴양림 입구로 이어지는 삼울길(삼나무가 울창한 숲길)을 만난다. 삼울길은 삼나무 밑으로 데크가 설치되어 있어 누구나 편하게 숲을 걸을 수 있다.

절물자연휴양림 입구에서 한라산 둘레길 9구간은 끝난다. 이곳부터 사려니숲길 비자림로 입구까지의 3.6km 구간은 한라산 둘레길 8구간(절물조릿대길)이다. 울창한 숲 사이로 잘 정비된 데크를 걷다 보면 민오름 입구다. 한라산 둘레길은 민오름을 오르지 않고 사려니숲길 방향으로 진행한다. 번갈아 나오는 야자 매트가 깔린 숲길과 흙길을 통과하면 사려니숲길 주차장을 만난다.

주차장이 나와 사려니숲길 입구도 금방일 것이라고 방심하면 안 된다. 네 곳의 입구 중 현재 탐방 제한이나 사전 예약 없이 통행 가능한 곳은 비자림로와 남조로의 입구 두 곳뿐이다. 남조로 입구(서귀포시)는 바로 옆에 별도 주차장이 있지만, 비자림로 입구(제주시)는 이곳 주차장에서 2.5km 떨어져 있다. 주차장을 지나 숲길을 계속 걷는다. 조릿대가 많고, 물이 흐르지 않는 건천을 몇 차례 건너야 한다. 완만한 오르막과 내리막도 자주 있어 절대 쉽지 않은 숲길이다. 사려니숲길 비자림로 입구에 도착하며 트레킹은 마무리되고, 바로 앞에서 버스를 타고 이동한다.

민오름 구간의 숲길

새하얀 눈꽃 세상에서 만나는 구름의 바다

제주 한라산 어리목탐방로 _영실탐방로

이동 거리	11.18km
소요 시간	4시간 30분
추천 시기	겨울 > 봄 > 가을

겨울철 눈을 볼 기회가 점점 줄어드는 우리나라에서 겨울 눈꽃을 제대로 느낄 수 있는 곳은 한라산이다. 1m 이상 쌓인 눈과 크리스마스트리 같은 구상나무는 겨울 왕국을 연상케 하고, 겨울의 이른 아침 만세동산 전망대에 서면 기온차로 인해 만들어진 새하얀 운해가 장관을 이룬다. 한라산의 다른 코스에 비해 난이도가 높지 않으면서 경이로운 풍광을 한껏 보며 걸을 수 있어 길고 긴 오르막이 고되지만은 않다.

🗺 **주변 관광지**

- 한라산 1100고지 +6km
- 서귀포자연휴양림 +5.8km

> **주의 사항**
> - 11~2월 산행 가능 시간을 꼭 확인하자. 날씨에 따라 자주 변동되니 한라산국립공원 홈페이지(www.jeju.go.kr/hallasan/index.htm)를 참고하자.
> - 눈이 많이 내려 겨울철에는 아이젠과 스패츠가 필수고, 운동화보다 등산화를 추천한다.
> - 윗세오름 대피소에서는 간식과 물을 판매하지 않아 사전에 물과 점심을 준비해야 한다.

이동 방법

🚗 자동차

목적지: 어리목탐방안내소

(제주 제주시 1100로 2070-61)

🚌 대중교통

제주시의 제주버스터미널과 서귀포시의 제주국제컨벤션센터를 남북으로 오가는 240번 버스에 승차한다. '어리목 입구' 하차 후 1.2km(도보 18분) 이동한다.

등산용품 대여점

겨울철 등산 장비를 갖추지 못한 경우 대여점을 이용할 수 있다. 대여 품목과 비용, 인수 절차 등은 대여점의 홈페이지나 유선으로 사전에 꼭 확인한다.

🥾 오쉐어

홈페이지 oshare.kr

주소 제주 제주시 용문로 4

전화 064-803-3010

🥾 빌리신

홈페이지 bilisin.com

주소 제주 제주시 오라로 1길 28 102호

전화 010-3956-3334

어리목탐방안내소(970m)를 지나 어리목 목교까지는 평탄한 길이다. 목교를 건너자마자 탐방로는 산비탈을 오르는 급경사가 된다. 여기서부터 시작되는 오르막은 사제비동산까지 이어진다. 급경사다 보니 체력 소모가 많고 빨리 지쳐 서너 걸음 옮기고 한참 쉬고를 반복한다. 해발 고도 100m를 오를 때마다 고도 표지석이 있어 어디쯤 왔는지 가늠하는 데 도움이 된다. 해발 고도 1,300m를 지나면서 아름드리 구상나무 숲을 만난다. 나무에 내려앉은 눈 무게로 인해 나뭇가지가 휘어지면서 눈꽃 터널을 형성한다. 장관을 이룬 눈꽃 터널 덕에 힘들게 올라오던 탐방객들도 사진을 찍으며 잠시 쉬어간다.

어리목탐방로를 출발한 지 1시간 정도 지날 무렵, 머리 위를 뒤덮었던 숲이 끝나고 갑자기 하늘이 펼쳐지며 넓은 평원이 나타난다. 사제비동산(1,423m)이다. 평원을 지나 다시 한번 급경사를 오르며 만세동산을 향해 간다. 오름길을 걷다 여기저기에서 들리는 사람들의 감탄 소리에 발걸음을 멈추고 뒤돌아본다. 산 아래로 하얀 구름이 바다를 이룬다. 급경사를 오르면서 확보된 시야 덕분에 운해 뒤로 제주의 푸른 바다까지 한눈에 들어온다. 녹색의 구상나무 숲과 하얀 운해가 만들어내는 색의 대비가 강렬하다. 만세동산 정상(1,606m)은 현재 출입 금지다. 대신 탐방로에서 150m 떨어진 지점에 전망대가 있다. 이곳에 서면 북동쪽으로

1 구상나무 눈꽃 터널
2 만세동산 오름길에 보이는 운해
3 만세동산 전망대

신직지왓

는 민대가리동산이 손에 잡힐 듯이 보이고, 그 뒤로 장구목오름과 더 뒤로 백록담
이 한눈에 들어온다. 급경사 길은 여기서 마무리되고, 이후부터는 완만한 오름길
이다.

평원 지대를 따라 30분을 더 걸으면 윗세오름 대피소(1,700m)다. 윗세오름은 하
나의 오름을 지칭하는 단어가 아니다. 대피소 동쪽에 있는 붉은오름, 서쪽에 있는
누운오름, 그리고 누운오름에서 서쪽으로 300m 정도 더 떨어져 있는 족은오름을
통칭한다. 세 개의 오름이 1100고지에 있는 세오름(삼형제오름) 위쪽에 있다고 해서
붙은 이름이다. 대피소에 도착하자마자 해야 할 일은 '윗세오름 해발 1,700m'를 새
겨놓은 작은 표지석 앞으로 가는 것이다. 윗세오름 대피소에 도착했다는 인증 사
진을 찍기 위해 주말에는 줄이 길게 늘어선다.

대피소에서 잠시 휴식을 취한 뒤 영실탐방안내소로 하산을 시작한다. 붉은오
름을 지나치자마자 눈앞에 나타나는 광활한 평원이 선작지왓이다. 작은 돌들이 서

있는 벌판이라는 뜻으로 총면적 60만 제곱미터가 넘는 대평원이다. 대평원을 가득 메운 하얀 설경이 마치 겨울 왕국에 와 있는 듯하다. 이곳은 눈 내린 겨울도 아름답지만, 5월 초에는 연분홍의 털진달래가, 6월 초에는 진분홍의 철쭉이 화려하게 물들어 봄에도 아름답다. 선작지왓의 겨울 풍광에 감탄하며 걷다 보면 족은오름 전망대로 올라가는 길을 만난다. 탐방로에서 5분 정도 거리에 있다. 윗세오름 중 유일하게 정상까지 올라갈 수 있는 한라산 최고의 조망처 중 하나다. 전망대에 서면 동쪽으로는 백록담 분화구, 남서쪽으로는 산방산과 송악산, 북서쪽으로는 아기자기하게 펼쳐진 제주의 오름들을 파노라마로 볼 수 있다. 저 멀리 제주의 푸른 바다와 하늘이 맞닿은 모습은 고생하며 올라온 수고를 보상하고도 남는다.

선작지왓 구상나무 숲을 통과해 나오자마자 가파른 수직 절벽과 절벽 오른쪽으로 서 있는 수백 개의 바위들이 시야를 압도한다. 깎아지른 수직 절벽은 하나의 바위가 아닌 수천 개의 바위기둥이 나란히 붙은 것으로 그 모습이 병풍과 비슷해 병풍바위라고 불린다. 이곳은 분화구지만 너무 넓어서 분화구라는 느낌이 전혀 들지 않는다. 겨울에는 설경으로, 가을에는 단풍으로 아름답다. 병풍바위부터 금강소나무 숲까지는 급경사 길이다. 경사가 심해 겨울철에는 아이젠이 없으면 미끄러질 수 있다. 조심조심 내려와 금강소나무 숲을 빠져나오면 영실휴게소다. 휴게소에서 포장도로를 따라 2.4km를 더 걸어야 날머리인 영실탐방안내소가 나온다.

병풍바위 전망대 전경

병풍바위

동그랗게 솟은 바람 가득한 억새 능선

제주 다랑쉬오름– 아끈다랑쉬오름

이동 거리	3.59km
소요 시간	2시간 30분
추천 시기	가을 > 봄 > 겨울

오름의 여왕으로 불리는 다랑쉬오름은 깊게 푹 패인 분화구와 아름다운 제주 풍광을 동시에 감상할 수 있는 곳이다. 다른 오름에 비해 주차장이 넓고 탐방로가 잘 정비되어 있다. 바람 가득한 능선에서는 제주 특유의 풀밭과 억새밭이 반긴다. 수려한 전망은 덤이다. 다랑쉬오름 바로 옆에는 멋진 가을 억새를 자랑하는 아끈다랑쉬오름이 있어 함께 돌아보기 좋다. 분화구 정상에서 제주의 오름과 끝없는 평원, 그리고 바다가 만들어내는 환상적인 풍경이 펼쳐진다.

🗺 주변 관광지
- 성산일출봉 +15km
- 섭지코지 +16.5km

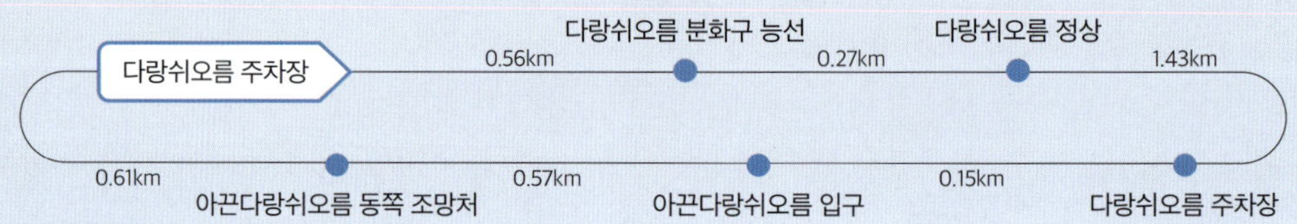

이동 방법

🚗 자동차

목적지: 다랑쉬오름 주차장

(제주 제주시 구좌읍 세화리 2705)

🚌 대중교통

대천환승정류장에서 810-1번 버스 승차 후 '다랑쉬오름 입구(남)'에서 하차해 2km(도보 30분) 이동한다. '다랑쉬오름 입구(북)'에서도 하차할 수 있으나 1.4km의 외진 길을 혼자서 걷기에는 위험하다.

추천 맛집

주변에 음식점이 없어 5.5km 떨어진 송당마을 맛집을 소개한다.

🍴 신화아부오름가든

주소 제주 제주시 구좌읍 송당6길 10

전화 064-782-1753

시골 동네 식당 같은 푸근한 분위기다. 진한 고기 맛의 김치찌개와 멜젓에 찍어 먹는 두툼한 삼겹살을 추천한다.

🍴 으뜨미

주소 제주 제주시 구좌읍 중산간동로 2287

전화 064-784-4820

우럭정식으로 유명하다. 튀긴 우럭에 양파소스가 뿌려져 나온다. 양파소스는 색다르면서도 감칠맛이 난다.

제주에는 크고 작은 오름이 360여 개 있다고 알려졌다. 하루에 하나씩 오르면 1년이라고 하는 시간이 필요할 정도다. 이 수많은 오름 중에서도 제주다움을 느끼며 트레킹할 수 있는 곳이 다랑쉬오름과 아끈다랑쉬오름을 연계하는 코스다. 깊고 거대한 굼부리, 바람 가득한 억새 능선, 수려한 전망이 한곳에 모여 있어 가을에 가장 화려하다.

다랑쉬오름 입구에 서면 끝도 없이 길게 늘어선 급경사 계단에 미리 겁부터 먹을지 모른다. 하지만 이 계단은 보기와는 달리 2~3분 만에 끝난다. 착시 현상으로 산 중턱까지 계단이 이어진 것처럼 보인다. 계단이 끝나고 산모퉁이를 돌아서면 탁 트인 전망이 펼쳐진다. 건너편 아끈다랑쉬오름은 도넛 모양의 둥근 우주선을 닮았다. 그 뒤로 성산일출봉과 제주의 푸른 바다가 배경을 이루고 있어 더 멋지다. 이곳은 성산일출봉 쪽으로 떠오르는 바다 일출을 볼 수 있어 일출 여행지로도 인기가 있다. 이후 20여 분의 급경사 길은 분화구 능선을 만남으로써 끝난다.

다랑쉬오름

1 「랑쉬우름 분화구 밑바닥 2 「랑쉬우름 분화구 능선길 3 손지우름

능선에 올라서면 앞쪽으로 어마어마한 굼부리(분화구)가 드러나 감탄과 놀라움을 금치 못한다. 이 분화구는 정상 부근에 올라서야 제대로 감상할 수 있다. 분화구 둘레길은 좌우 어느 쪽으로 가도 좋으나 오른쪽으로 도는 것을 추천한다. 한라산 백록담을 정면에 두고 능선을 바라보며 걸을 수 있기 때문이다. 분화구 정상에 서면 360도 막힘없는 제주도의 풍경이 펼쳐진다. 남서쪽 한라산을 시작으로 북동쪽 성산일출봉을 돌아 다시금 한라산으로 시선을 이동하며 제주도의 아름다운 자연 풍광을 두루 맛볼 수 있다. 제주의 들판과 수많은 오름이 제주 바다와 어우러져 이색적인 풍경을 연출해준다. 정상에서 30m 더 진행하면 다랑쉬오름의 분화구를 확연하게 볼 수 있는 조망처가 있다. 분화구의 깊이는 115m로 백록담 분화구(108m)보다 더 깊다. 깊기만 한 것이 아니라 옆으로도 넓게 패여 볼수록 신기하고 아찔하다.

분화구 능선 둘레길 끝 지점에 다다르면 성산읍 쪽으로 수십 기의 풍력 발전기가 길게 늘어선 모습이 보인다. 풍력 발전기 앞으로는 삼나무가 X자 모양으로 배치

아끈다랑쉬오름 전망

된 손지오름이 있다. 독특한 모양이라 쉽게 눈에 띈다. 제주의 오름은 자연휴식년제와 여타의 이유로 출입이 통제되는 경우가 있으므로 오름 방문 시 사전에 제주 관광정보센터(064-740-6000)에서 방문 가능 여부를 확인하는 것이 좋다.

다랑쉬오름 주차장으로 내려와 아끈다랑쉬오름으로 향한다. 다랑쉬오름이 웅장함과 황홀한 일출을 자랑한다면 아끈다랑쉬오름은 가을 억새와 은은한 노을빛을 자랑한다. 입구에서 6~8분 정도 오르면 닿는 분화구 둘레길은 600m다. 자연 그대로의 길이라 분화구 한 바퀴를 도는데 20~25분 정도가 소요된다. 바람이 불 때마다 하얀 솜털 꽃이 하늘을 향해 날아간다. 파도의 물결처럼 햇살을 받아 반짝거리는 억새의 물결도 아름답기 그지없다. 일몰 시각에 맞춰 방문하면 붉게 물들어 가는 석양과 함께 은은하게 노을빛으로 변해가는 억새까지 감상할 수 있다.

에메랄드빛 바다와 함께하는 해안길

서귀포
제주올레 7코스

이동 거리	10.59km
소요 시간	3시간 35분
추천 시기	봄 > 가을 > 겨울

외돌개에서 서귀포버스터미널까지 이어지는 제
주올레 7코스의 하이라이트 구간에는 볼거리가
많다. 천연 절벽 사이에 자리한 에메랄드빛 노천
탕인 황우지 선녀탕과 바다에 홀로 서 있는 20m
높이의 바위 외돌개, 겨울이면 푸른 제주 해안과
붉은 동백이 어우러지는 돔베낭길, 올레길을 따
라 길게 늘어선 속골유원지 옆 야자수 가로수길,
고려 시대 제주의 역사를 품은 범섬과 법환포구
등이 있다. 제주 해안을 따라 제주가 빚은 최고의
자연 풍경과 인문학적 가치를 여유롭게 즐기며 걷
기 좋다.

🗺 **주변 관광지**[외돌개 주차장 기준]

• 천지연폭포 +2.4km

• 정방폭포 +4.1km

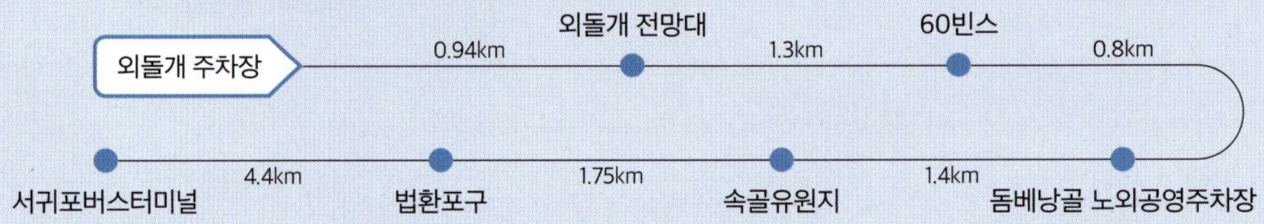

이동 방법

🚗 자동차

목적지: 외돌개 주차장

(제주 서귀포시 남성로 57)

🚌 대중교통

615·627·691·692·880번 버스 승차 후 '외돌개'에서 하차한다.

추천 맛집

소낭집

주소 제주 서귀포시 막숙포로37번길 12

전화 0507-1380-3776

카페 못지않은 뷰를 자랑하는 식당이다. 낙지덮밥과 코다리조림이 대표 음식이다.

60빈스

주소 제주 서귀포시 태평로120번길 29-2

전화 0507-1427-1203

야자수로 둘러싸인 이국적인 카페다. 야외석에 앉으면 제주올레 7코스의 해안 절벽이 한눈에 보인다.

우리나라 걷기 여행지를 대표하는 제주올레는 장거리 도보 여행길로 현재 코스는 스물일곱 개, 총연장은 437km이다. '놀멍 쉬멍 걸으멍 고치(놀면서 쉬면서 걸으면서 같이) 가는 길'을 목표로 한다. 제주올레 7코스는 제주올레 여행자센터에서 월평마을 아왜낭목 쉼터까지 이어지는 17.6km의 길로 제주올레 중 가장 아름다운 길로 손꼽힌다. 다만, 2025년 4월 4일부로 '도시계획 도로 개설 공사'로 인해 일부 구간과 종점이 변경되었다. 법환포구에서 서쪽으로 1.1km 떨어진 두머니물공원까지는 기존 코스와 동일하고 이후부터는 종점이 '서귀포버스터미널 앞'으로 바뀐 임시 코스다. 공사가 완료될 때까지(약 2년 소요 예상) 임시로 운영되며, 공사 후에는 원래 코스로 복구될 예정이다. 7코스 전체 구간은 도보 5~6시간 정도가 소요되는 조금 부담스러운 거리이므로 제주 풍경을 벗 삼아 '놀멍 쉬멍' 여유롭게 걸을 수 있는 하이라이트 구간만 안내한다.

코스의 들머리인 외돌개 주차장에서 200m 거리에 있는 황우지 선녀탕을 첫 번째로 들른다. 바다와 현무암 바위 지대가 맞닿은 지점에 여러 개의 웅덩이가 패어 있다. 가장 큰 웅덩이는 8자 모양으로 바닷물이 고여 옥빛 물색을 띤다. 큰 웅덩이를 둘러싼 검은색 현무암 바위는 산봉우리처럼 높이 솟아 있어 선녀탕을 보호하는 철옹성 같다.

황우지 선녀탕에서 올레길을 따라 5분 정도 걸으면 바다 쪽으로 길게 뻗은 커다란 언덕이 나온다. 폭풍의 언덕이다. 언덕 끝자락에 서면 막힘없이 탁 트인 바다와 현무암

1 황우지 선녀탕
2 폭풍의 언덕

으로 형성된 해안가를 감상할 수 있지만 제주의 해안가인 만큼 바다에서 불어오
는 바람이 거세 오래 서 있기는 힘들다.

　폭풍의 언덕 바로 옆에 있는 외돌개는 높이 20m, 폭 7~10m에 이르는 돌기둥으
로 멀리서도 눈에 띌 정도로 크고 웅장하다. 암석이 파도에 부딪히면서 약한 부분
은 떨어져 나가고 강한 부문만 남아 굴뚝 모양을 한 시 스택(sea stack)이다. 홀로 외
롭게 서 있는 외돌개 뒤로 큰 호랑이가 웅크리고 앉은 모습의 범섬이 보인다.

　외돌개소공원을 지나면서 올레길은 돌담길로 바뀐다. 돌담 오른쪽으로 난대림
과 붉은 동백이 반기고, 왼쪽으로 제주의 바다가 평화롭게 펼쳐진다. '60빈스' 카페
를 지나면서부터는 동백 대신 하늘 높이 솟은 야자수가 올레길을 안내해준다. 해
안가를 따르던 올레길은 '돔베낭골 노외공영주차장'에서 길이 해안가를 벗어나 섬
안쪽으로 들어갔다 나온다. 1.4km의 우회로가 다시 해안가와 만나는 곳에 속골유
원지가 위치한다. 속골천에서 흘러내린 맑은 시냇물이 바다로 흘러드는 지점이다.
시냇물이 강을 거치지 않고 곧바로 바다로 흘러드는 모습은 쉽게 볼 수 없는 광경
이라 신기하다.

1 돌담길 2 야자수 숲

속골유원지를 지나며 하늘 높이 솟은 야자수가 올레길 옆으로 가로수를 이룬다. 130m 정도의 야자수길을 걸으면 야자수가 빽빽하게 들어선 야자수 숲을 만난다. 제주의 푸른 바다, 푸른 하늘과 어우러져 이국적인 풍경을 자아낸다.

해녀체험센터 앞에서 보이는 범섬

수봉로를 지나 법환포구에 도착한다. 해녀조각상이 설치된 좀녀(해녀)광장에서 외돌개 방향으로 문섬과 새섬, 섶섬이 아득하게 보인다. 법환포구 남쪽 정면에 외돌개에서 작게 보이던 범섬이 크게 다가온다. 법환마을은 제주도에서 해녀가 가장 많은 어촌으로 좀녀문화마을로 지정되었다. 해녀 체험을 할 수 있는 해녀체험센터 바로 앞 주변으로 검은 현무암 바위가 바다 위로 드넓게 분포되어 있다.

과거 목호의 난을 진압하러 온 고려 최영 장군의 군대가 이곳에 머물렀는데, 군사들이 막사를 쳐 숙소로 사용했다 하여 '막숙개'라 불리기도 했다. 법환포구를 걷다 보면 곳곳에 지명을 설명한 안내판을 볼 수 있다. 안내판을 꼼꼼히 읽다 보면 목호의 난과 관련 있는 지명이 많음을 알게 된다. 그저 아름답기만 하던 제주의 풍경이 역사를 알고 나면 새롭게 보인다.

법환포구를 뒤로하고 두머니물공원까지 걷는 1.1km의 해안 길은 거대한 자연미술관이다. 깎아지른 듯한 주상절리의 위용을 자랑하는 범섬과 그 아래서 하얗게 부서지는 파도는 걷는 내내 시선을 떼지 못하게 만드는 압도적인 동반자다.

두머니물공원에서 법환초등학교를 거쳐 제주월드컵경기장을 지나면 임시 종점인 '서귀포버스터미널 앞'이다. 들머리로 돌아가야 하는 경우 이곳에서 201·202·281번 버스를 타고 '삼매봉'에서 하차해 도보로 638m를 이동하면 된다.

분화구에 올라야 보이는 제주의 황홀한 풍경

서귀포 송악산

이동 거리	3.86km
소요 시간	1시간 30분
추천 시기	봄 > 가을 > 겨울 > 여름

제주도의 대표적 절경지인 송악산은 해안선을 따라 걷는 둘레길과 정상을 탐방할 수 있는 분화구 코스로 나뉜다. 정상 분화구 코스는 자연휴식년제로 출입이 금지되다 2021년 8월 15일부터 분화구 정상 동남쪽을 탐방할 수 있게 되었다. 해안 둘레길에서 깎아지른 해안 절벽의 비경에 놀란다면, 분화구 정상에서는 제주 바다와 어우러진 산방산과 한라산의 수채화 같은 풍경에 놀란다. 제주의 해안과 오름을 동시에 맛볼 수 있으니 꼭 분화구 정상까지 올라가보자.

🗺 **주변 관광지**

- 알뜨르비행장 +3.6km
- 용머리해안 +4.5km

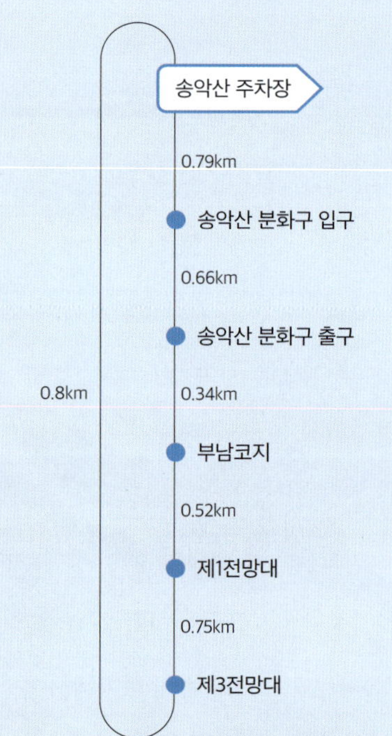

주의 사항

- 그늘이 없으므로 자외선을 막기 위한 선크림과 챙이 있는 모자를 준비하자.
- 둘레길은 바람이 거세다. 바람막이 외투를 챙기는 것이 좋다.

이동 방법

🚗 자동차

목적지: 송악산 주차장

(제주 서귀포시 대정읍 상모리 179-4)

🚌 대중교통

서귀포시 안덕면 화순로에 있는 '화순환승정류장(안덕농협)'에서 725-2번 버스 승차 후 '산이수동'에서 하차한다.

추천 맛집

🍴 요망진밥상

주소 제주 서귀포시 대정읍 최남단해안로 505

전화 0507-1439-3346

수육과 생선 한 가지가 나오는 정식을 추천한다. 혼자 먹을 수 있는 혼밥정식도 있다.

🍴 형제섬 보말칼국수

주소 제주 서귀포시 대정읍 형제해안로 318

전화 0507-1306-1906

제주 향토 음식인 보말칼국수 전문점이다. 자체 숙성한 쫄깃하고 찰진 면발이 특징이다.

'제주 송악산'이라고 적힌 커다란 안내석과
돌하르방이 송악산에 왔음을 반긴다. 송악산
둘레길 입구에 들어서자마자 해안 절벽의 인
공 동굴이 눈에 띈다. 이곳뿐만 아니라 탐방
로를 따라 500m 정도 걷다 보면 탐방로 바
로 옆에도 두 개의 인공 동굴이 있다. 이 인
공 시설물은 일제 강점기인 1943~1945년 사
이에 만들어진 진지동굴이다. 태평양 전쟁

해안 절벽의 진지동굴

당시 송악산 바로 옆에 일본군의 비행장으로 사용된 알뜨르비행장이 있어 이곳은
연합군 상륙이 가장 유력시되던 곳이었다. 연합군의 상륙을 저지하기 위해 일본군
은 제주도민을 강제 동원하여 진지동굴을 만들었다. 송악산에는 이처럼 크고 작은
진지동굴이 60여 개소나 된다. 송악산 둘레길을 걸으며 동굴을 볼 때마다 제주도
민의 희생이 떠올라 숙연해진다.

탐방로의 진지동굴 앞쪽에는 조망처가 있다. 이곳에 서면 산방산과 대평포구의
박수기정 절벽이 한눈에 들어온다. 그 뒤로 한라산이 그림처럼 서 있다. 눈이 부시
도록 아름다운 제주의 푸른 바다 위로 형제섬이 떠 있고, 송악산 입구 선착장에서
출발한 마라도 정기여객선이 하얀 물보라를 일으키며 푸른 바다의 정적을 깬다. 평
화롭기 그지없는 풍경이다.

조망처에서 서너 걸음 옮기면 갈림길이다. 왼쪽은 송악산 둘레길, 오른쪽은 송
악산 분화구로 가는 길이다. 분화구를 먼저 보고 내려와 둘레길을 이어 걷는다. 송
악산 분화구에는 세 개의 코스가 있는데 현재 1~2코스만 개방되었고, 3코스는 생
태계 복원을 위해 자연휴식년제 중이라 2027년 7월 31일까지 출입 금지다. 개방된
코스는 일방통행이기 때문에 1코스로 올라가 분화구를 보고 2코스로 내려와야
한다.

송악산 정상은 해발 104m다. 분화구 1코스 시작점의 해발 고도가 5m임을 생각하면 99m를 올라야 하는 것이다. 땀을 흘리며 10여 분 걷다 보면 송악산 분화구에 도착한다. 오르막을 오르며 확보된 시야는 엄청난 선물을 선사한다. 분화구를 오르는 탐방로와 송악산 둘레길, 그 뒤로 산방산, 한라산, 박수기정이 시원하게 펼쳐진다. 그 사이를 제주의 에메랄드빛 바다가 가득 메운다. 10여 분의 투자로 얻는 몇십 배나 황홀한 풍경이다. 전망을 즐긴 뒤 2코스를 따라 내려오면 분화구 출구다.

승마장에서 말들이 노니는 모습을 보며 출구 오른쪽으로 60m 정도 걸으면 송악산 둘레길을 만난다. 이곳부터 부남코지까지 이르는 길이 송악산 둘레길의 하이라이트다. 깎아지른 해안 절벽을 가운데 두고 왼쪽으로 제주 바다가, 오른쪽으로 제주의 목가적인 풍경이 펼쳐진다. 탐방로는 해안 절벽을 따라 S자를 그리며 휘어져 나간다.

바다를 향해 돌출된 지형인 부남코지에서는 360도 파노라마 뷰 감상이 가능하다. 아름다운 풍경만큼이나 바람도 강하다. '부남'은 바람 많은 곳이란 의미가 있는데 이름과 딱 어울리는 장소다. 바람에 떠밀려 송악산 둘레길을 계속 걷는다. 걷는 내내 왼쪽으로 송악산의 해안 절벽과 제주의 바다가 함께 한다.

1 송악산 분화구 전망
2 송악산 분화구
3 분화구 출구에서 부남코지로 향하는 길

제1전망대

제1전망대에서 보이는 가파도

제1전망대는 다른 곳에 비해 상대적으로 높은 언덕에 있다. 전망대 벤치에 앉으면 언덕을 내려가는 데크 계단을 따라 저 멀리에 가오리를 닮은 섬, 가파도가 눈에 들어온다. 가시거리가 좋은 날에는 3km 거리에 있는 가파도의 풍력 발전기와 그 뒤로 우리나라 최남단 마라도까지 선명하게 보인다.

제1전망대에서 제2전망대 쪽으로 가는 길에는 탐방로 주위로 난대림 식물과 소나무가 반긴다. 송악산(松岳山)이라는 이름에 소나무 송(松)이 들어가 있는 것에서 알 수 있듯 이곳부터 소나무가 즐비하다. 제2전망대는 주변에 해송이 있어 전망이 좋지 않으니 바로 지나가 제3전망대로 이동한다. 소나무가 늘어선 탐방로를 따라 걷다 보면 앞쪽에 우뚝 솟은 해안 절벽이 나타난다. 해안 절벽이 끝나는 지점 뒤로 제주 최남단 해안 도로가 보인다. 해안 도로를 따라 시선을 이동하면 환태평양평화소공원과 바로 옆 알뜨르비행장도 어렴풋이 보인다. '알뜨르'는 아래쪽 넓은 들판을 의미한다. 해안가가 아닌 반대편 위쪽 벌판은 '웃뜨르'라고 부른다. 제3전망대도 나뭇가지가 우거져 전망이 좋지 않다. 벤치에 앉아 잠시 숨을 고르고, 송악산 둘레길 출구로 향해 트레킹을 마친다.

사진 출처

P.023 전체 신발 사진 ©캠프라인

P.190-191 한반도 지형 사진 ©영동군

P.239 상단 1~3번 사진 ©순창군

P.269 상단 인물 사진 ©jeonghee_grace

P.373 상단 동굴 사진 ©제주특별자치도청